安全生产知识百点通丛书

全员安全生产责任制知识百点通

主　编　武　琪　王益艳
副主编　王冬冬　袁嘉淙

中国劳动社会保障出版社

图书在版编目（CIP）数据

全员安全生产责任制知识百点通 / 武琪，王益艳主编 . -- 北京 : 中国劳动社会保障出版社，2024
（安全生产知识百点通丛书）
ISBN 978-7-5167-6492-3

Ⅰ. ①全…　Ⅱ. ①武…②王…　Ⅲ. ①安全生产 - 生产责任制 - 基本知识 - 中国　Ⅳ. ①X93

中国国家版本馆 CIP 数据核字（2024）第 095616 号

中国劳动社会保障出版社出版发行
（北京市惠新东街 1 号　邮政编码：100029）
*
北京瑞禾彩色印刷有限公司印刷装订　　新华书店经销
880 毫米 ×1230 毫米　32 开本　5.25 印张　118 千字
2024 年 6 月第 1 版　　2024 年 6 月第 1 次印刷
定价：18.00 元

营销中心电话：400-606-6496
出版社网址：http://www.class.com.cn

“安全生产知识百点通丛书”
编委会

内容简介

本书是“安全生产知识百点通丛书”之一，以问答形式介绍了全面且广泛的全员安全生产责任制的相关知识，主要包括全员安全生产责任制基本知识，安全生产责任制及其他相关概念的介绍与区别，主要相关法律、法规对安全生产责任的规定，安全生产监督管理与安全生产责任制，安全生产违法行为及其处罚，生产经营单位的安全生产责任制度，生产经营单位相关人员的安全生产责任，生产安全事故预防与隐患排查治理责任，事故应急救援及其法律责任，生产安全事故报告和调查处理责任等十个方面内容。

本书选题典型，通俗易懂，文字简洁，版式设计新颖且活泼。书中还配有原创漫画插图，使内容更加生动直观。本书适用于各类用人单位的从业人员、安全管理人员、安全负责人等广大读者群体。同时，也适用于普及提高广大基层一线职工对于全员安全生产责任制的了解和认知。

目　录

一、全员安全生产责任制基本知识

1. 什么是安全责任？

安全责任，是指具有特定职责范围和特定义务的行为主体在安全方面应当履行的职责以及违反安全义务而应当承担的后果。其中，职责范围是指依行为主体的法定职务所承担的具体工作责任，这种责任是由相关规章制度和岗位责任制明确规定的；特定义务则是指行为主体在履行其职责时必须遵守的法定义务。

安全责任的主体是对事故损失负有责任的单位或者个人。安全责任的主体包括发生事故的生产经营单位的责任人员以及对发生事故负有监管职责的相关政府及其有关部门的责任人员。前者包括生产经营单位的主要负责人、主管人员、管理人员和从业人员；后者则包括对事故负有失职、渎职和应负领导责任的各级人民政府领导人，负有安全监督管理职责的部门负责人，安全监督管理和行政执法人员等。

安全责任的第一层面，即行为主体在安全方面应当履行的义务，这些义务一般由相关法律、法规以及企业内部的管理制度确定。根据“管生产必须管安全”的原则，不同岗位的从业人员、管理人员，根据相关法律制度的规定，承担相应的安全责任。生产经营单位的各级领导对本单位的安全工作负有全面责任，各级职能部门在其职责范围内承担安全责任。

安全责任的第二层面，即未能履行分内职责，而应当承担的不利后果或强制性义务。在这种情况下，应根据事故后果确定责任归属，并根据相关法律、法规的规定追究行为人的刑事责任、行政责任、民事责任等。

2. 安全责任有哪些形式？

安全责任的形式主要包括法律责任、政治责任、社会责任以及道德责任等。

1）法律责任是行为主体因违反法律法规或未尽其法定职责和义务而应当依法承担的不利法律后果。法律责任一般都有明确的法律、法规和制度规定。

2）政治责任的主体一般为政府，是指政府制定符合民意的公共政策并推动其实施的职责，以及没有履行好职责时应当承担的政治后果。政府在安全方面的政治责任主要表现在三个方面：一是维持社会稳定和恢复正常秩序的责任，防止由于事故造成社会秩序混乱；二是采取应急措施控制危害后果蔓延的责任；三是对事故后果承担的政治责任。具有领导职务的政府官员，即使在事故中对造成的损失没有直接责任，也可能因为领导职务而承担间接的政治责任，如引咎辞职、调离现职等。

3）社会责任是指政府或者生产经营单位对社会的服务和管理以及在促进社会公平等方面的责任。政府的社会责任是指政府作为公共部门，对社会良性运行、减少和控制社会问题负有不可推卸的责任；生产经营单位的社会责任是指企业在谋求股东利润最大化之外所负有的维护和增进社会利益的义务。生产经营单位在安全生产方面的社会责任表现在四个方面：一是保障职工权益，改善职工工作和生活条件，为职工提供安全健康的工作环境；二是为消费者提供满意的产品和诚信的服务；三是保护和改善生态环境；四是参与公益事业和慈善事业。

4）道德责任是指行为主体依法必须承担的道德意义上的责任。所谓道德意义上的责任，即指虽然政府及其他行为主体未违法或违宪，但如果行为明显与社会公序良俗有悖，就应当承担的道德责任。在事故发生后，受灾群众可能数量众多，有的受伤甚至面临生命危险，有的无家可归，在医疗、居住、饮食、通行、精神安慰、重建家园等各个方面均需要人道主义关怀。政府、社会组织、企事业单位、公民个人都应对于受灾群众实施紧急救助和关怀，帮助受灾群众渡过难关。

3. 什么是全员安全生产责任制？

全员安全生产责任制是对生产经营单位岗位责任制的细化，是一项最基本的安全制度，也是生产经营单位安全生产和劳动保护管理制度的核心所在。全员安全生产责任制将各种安全生产管理和安全操作规范有效整合起来，明确生产经营单位各级部门和各岗位职工应当承担的安全生产责任，以确保每一位职工都能够积极履行自己的职责，实现安全生产的目标。

全员安全生产责任制，顾名思义，就是让全体职工都参与进来，它强调，安全生产不再是某个部门或某个人的责任，而是全体职工共同努力的结果。全员安全生产责任制是在长期的职业卫生安全工作实践中总结出来的一项制度设计，着重突出了覆盖的广泛性和全面性。按照安全生产的相关法律规章制度，明确各岗位的安全生产责任，并通过签字承诺、签订责任状等形式，把每个岗位的职责以及所承担的责任明确记录下来，各岗位职工都要在日常安全生产工作中认真履行自己的职责，根据自己的职责范围完成工作任务，这样职工就可以把自己的工作表现与其经济利益联系起来，通过实行奖励、问责、惩罚等措施，形成一个安全责任制的闭环，让每个岗位的安全责任都得到有效落实。

在生产经营单位，各级领导必须切实担负起领导责任，负责统筹组织安排各项安全措施的落实工作，建立健全安全管理制度，积极开展安全技术培训工作，及时发现并处理安全隐患；各职能部门必须严格按照职责分工，负责具体落实各项安全措施，积极组织开展安全检查，并加强现场监督管理；相关工程技术人员必须精心组织并实施各项安全措施，保证设备设施及生产环境的正常运行；生产工人必须严格按照操作规程进行作业，严格遵守劳动纪律，对于发现的安全隐患要及时上报。在全员安全生产责任制中，各级领导、各职能部门、相关工程技术人员和生产工人，要根据自己的工作任务和岗位特点，明确自己应该完成的工作和承担的责任，并与奖惩制度联系起来，通过激励机制和问责机制，促进全员积极参与安全生产工作，形成人人有责、层层负责的安全生产良好氛围。

4. 全员安全生产责任制是如何发展而来的?

安全生产责任制最早可见于国务院 1963 年 3 月 30 日公布的《关于加强企业生产中安全工作的几项规定》。随后 2002 年实施的《中华人民共和国安全生产法》(以下简称《安全生产法》)、2004年下发的《国务院关于进一步加强安全生产工作的决定》(国发〔2004〕2号),又进一步阐明了建立安全生产责任制的有关要求,不断强化了安全生产责任制在安全管理中的核心地位。

随着我国安全生产责任制的不断发展和完善,从2004年开始的一系列重要文件,如《国务院关于进一步加强安全生产工作的决定》(国发〔2004〕2号)等,都为企业的安全生产管理奠定了坚实基础。2016年12月9日发布的《中共中央 国务院关于推进安全生产领域改革发展的意见》中明确提出,企业实行全员安全生产责任制度。2017年10月10日,国务院安委会办公室印发的《关于全面加强企业全员安全生产责任制工作的通知》(安委办〔2017〕29号)明确提出,高度重视企业全员安全生产责任制,并对如何建立健全企业全员安全生产责任制提出了具体要求,对全员安全生产责任制的内涵、重要意义做了阐释,对建立、公示、培训、考核等方面都做了明确要求,标志着全员安全生产责任制体系的基本形成。

2020年,国务院安委会办公室发布的《全国安全生产专项整治行动三年计划》,进一步强调要落实全员安全生产责任,强化内部各部门安全生产职责,落实一岗双责制度。2021年新修正的《安全生产法》将“全员安全生产责任制”作为所有生产经营单位的法定义务,而不再局限于“企业”这一主体。

安全生产是生产经营单位的一项基本责任,不仅关系到生产经营单位的稳定发展,更关系到每一位职工的安全健康。因此,仅仅依靠安全生产管理机构或者安全生产管理人员来管理安全生产工作是不够的,必须充分发挥各职能部门在自己业务范围内的作用,共同构建一套完善的安全生产保证体系。这一体系应包括安全生产岗位责任制、风险分级管控与隐患排查治理、安全生产教育培训、安全生产检查等多个方面。只有这样,才能有效地实现企业的安全发展，确保职工的生命健康。只有将制度制定好并执行好，才能让生产经营单位的安全生产工作，层层都有专人负责、事事都有专人管理，做到齐抓共管、职责明确、协同配合、综合治理，最终达到全员安全的理想状态。

5. 落实全员安全生产责任制具有什么重要意义？

落实全员安全生产责任制对强化生产经营单位的主体责任，加强部门间的协调配合具有重要意义。

（1）强化生产经营单位的主体责任

生产经营单位的主体责任，指在生产经营活动的全过程中，生产经营单位必须遵守《安全生产法》和相关法律、法规的规定，切实履行自己的义务，并承担相应的责任。例如，提供保障安全生产所需的经费，加强对职工的培训，提高职工的安全技术水平；同时，为保证施工过程中的安全，应严格遵守“三同时”制度，即同时设计、同时施工、同时投入使用相应的安全设施。生产经营单位不仅是社会和经济活动中的建设者，也是社会和经济活动中的受益者，在安全生产中扮演着不可替代的责任主体角色，承担着不可推卸的社会责任。

生产经营单位要认识到，安全生产不仅是生产经营单位贯彻新发展理念的必然要求，更是生产经营单位生存和发展的必由之路。对安全生产主体责任进行强化，实现安全生产，是生产经营单位在追求利益最大化的过程中所要达到的终极目标，是能够达到物质利益和社会效益最佳结合的途径。加强并落实生产经营单位的主体责任，是保证经济社会和谐发展的需要，也是实现生产经营单位可持续发展的客观要求。因此，建立和完善全员安全生产责任制，能够加强和落实生产经营单位的主体责任。如果安全生产压力得不到有效传递，那么职工的安全就得不到保障。全员安全生产责任制得到全面加强是推动安全生产工作的一项重要举措，对于降低“三违”（违规指挥、违规作业、违反劳动纪律）的发生率，减少人为因素引发的生产安全事故，保障广大职工的生命安全与职业健康都有着十分重要的作用。

（2）加强部门间的协调配合

实施全员安全生产责任制，可以提高生产经营单位和职工的责任感，进而增强各部门之间的协同合作和提高工作效率。生产经营单位由多个行政部门、车间、班组和个人组成，都承担着各自的生产任务。安全不能脱离生产而单独存在，而是要体现在生产的全过程中。当各级部门对安全生产和劳动保护工作给予高度重视，将党和国家的安全生产和劳动保护方针、政策及法律、法规付诸实施，认真负责地组织生产，并积极采取措施改善劳动环境和条件时，工伤事故和职业疾病的发生率将会得到有效降低。构建全员安全生产责任制，对增强全员责任感和调动各类人员的安全生产积极性有很大帮助，有利于形成责任分明、各司其职、各负其责的局面，使法定和生产经营单位实际相结合的安全生产责任得以由全员共同承担，从而促进安全管理工作成为一个有机整体。这样的制度设计有利于激发职工的活力，提升生产经营单位的安全管理水平，还有利于提升生产经营单位的生产效率，增强生产经营单位整体安全防控能力、促进安全文化建立、减少安全事故的发生，确保生产经营单位的稳定发展，从而节约社会资源，实现可持续发展。

事实表明，任何建立完善全员安全生产责任制的生产经营单位，其负责人都高度重视安全生产工作，将相关安全生产方针、政策和法律、法规付诸实施，认真负责地组织生产活动，积极改进职工的工作环境，使生产安全事故大大减少。反之，则会出现责任不明、互相推诿的情况，造成无人负责、无人管理、不能开展工作，导致安全管理出现漏洞，安全事故频发。

6. 全员安全生产责任制的主要内容包括哪些?

安全生产人人有责、各负其责，是保证生产经营单位的生产经营活动安全有序进行的重要基础。生产经营单位应当建立一套纵向到底、横向到边的全员安全生产责任制，以保证安全生产工作人人有责、各负其责。从具体内容上看，全员安全生产责任制应当包括以下主要方面：

（1）生产经营单位的各级负责生产和经营的管理人员，在完成生产或者经营任务的同时，必须承担起保证安全生产的首要责任，确保安全生产与经济效益并重；

（2）各职能部门的人员，对自己业务范围内有关的安全生产负责；

（3）班组长、特种作业人员对其岗位的安全生产工作负责，严格执行安全生产操作规程；

（4）所有从业人员应在自己本职工作范围内做到安全生产；

（5）各类安全责任的考核标准及奖惩措施，以激励和约束各级人员切实履行安全生产职责。

全员安全生产责任制应当内容全面、要求清晰、操作方便，使各岗位的责任人员、责任范围及相关考核标准一目了然。当生产经营单位的管理架构发生变化、岗位设置调整、从业人员发生变动时，应当及时对全员安全生产责任制内容作出相应修改，以适应安全生产工作的需要。

全员安全生产责任制应当定岗位、定人员、定安全责任，根据岗位的实际工作情况确定相应的责任人员，确保岗位职责与安全生产职责紧密结合，实行“一岗双责”。生产经营单位应结合本单位实际，建立由主要负责人牵头，相关负责人、安全生产管理机构负责人以及人事、财务等相关职能部门人员组成的全员安全生产责任制监督考核领导机构，共同协调解决全员安全生产责任制执行中的问题。

主要负责人对全员安全生产责任制落实情况全面负责，安全生产管理机构负责全员安全生产责任制的监督和考核工作，确保各项责任得到有效落实。生产经营单位应当建立完善的全员安全生产责任制监督、考核、奖惩等相关制度，明确安全生产管理机构和人事、财务等相关职能部门的职责。全员安全生产责任制的落实情况应当与生产经营单位的安全生产奖惩措施挂钩。对于严格履行安全生产职责、符合全员安全生产责任制考核标准要求的，应当予以奖励；对于弄虚作假、未认真履行安全生产职责或者存在重大事故隐患、发生生产安全事故等不符合全员安全生产责任制考核标准要求的，应当给予严惩。

7. 全员安全生产责任制的编制流程是什么？

全员安全生产责任制的编制是一项系统工作，涵盖范围广泛，内容详尽，需要系统策划，并得到领导层的支持及相关部门的配合。为确保全员安全生产责任制编制的专业性、公平性、公正性，也可聘请外部专家参与本单位全员安全生产责任制的分解工作。全员安全生产责任制的编制流程可按以下五个步骤进行。

（1）成立工作小组

生产经营单位层面应设立领导小组，由总经理担任组长，安全生产分管领导为副组长，组员为安全部和人力资源部及其他职能部门、车间负责人；部门或车间层级同样需设立相应小组，由部门或车间负责人为组长，部门专兼职安全员、班组长等为组员。工作小组应逐级分解和梳理全员安全生产责任制落实工作，如生产经营单位总经理大力支持，并在安全生产委员会会议或专题会议进行部署，也可以不成立工作小组，直接开展工作。

（2）梳理岗位清单与职责

可由人力资源部牵头，组织梳理本单位领导层、部门及岗位职工的岗位设置情况，建立详细的岗位清单。对现有职能部门或车间、岗位定位及工作职责进行重新梳理；对原有岗位说明书进行补充完善，增加安全生产职责或安全生产知识、经验、技能等方面的要求。

（3）梳理安全生产责任制清单

在梳理安全生产责任制清单时，应紧密结合岗位职责，充分考虑岗位和业务工作中存在的风险，结合业务工作全过程中的具体任务，明确各个岗位应承担的责任内容、责任范围和考核标准。全员安全生产责任制体系可分为组织安全生产责任制和岗位安全生产责任制两部分。

（4）加强全员安全生产责任制的沟通与培训

安全生产责任制清单应与部门负责人、所有岗位职工进行面对面沟通与确认，明确其可行性及执行标准，确保每位职工都理解并认同自己的责任。将全员安全生产责任制教育培训工作纳入年度培训计划并定期开展全员培训。全员安全生产责任制要在适当位置进行长期公示，并接受全员监督。

（5）严格全员安全生产责任制的落实与考核

每年应根据上级下达的年度安全生产责任书和本部门实际情况，结合安全生产责任制清单，组织签订全员安全生产责任书。同时，建立健全全员安全生产责任制考核奖惩制度，结合绩效考核工作定期对全员安全生产责任制落实情况进行考核，奖优罚劣；强化上级对下级负责的直线责任，直线管理者如未认真履行属地监管和考核责任，应追究其连带责任。

8. 建立全员安全生产责任制有哪些要求？

全员安全生产责任制以制度的形式明确规定企业每一位职工在生产经营活动中应负的安全责任。建立全员安全生产责任制应满足以下四个方面要求。

（1）依法依规制定完善企业全员安全生产责任制

企业主要负责人应负责建立健全企业全员安全生产责任制。企业要按照《安全生产法》《中华人民共和国职业病防治法》等法律法规的规定，参照《企业安全生产标准化基本规范》（GB/T 33000—2016）和《国家安全监管总局关于印发企业安全生产责任体系五落实五到位规定的通知》（安监总办〔2015〕27号）等有关要求，结合企业自身实际，明确从主要负责人到一线从业人员（含劳务派遣人员、实习学生等）的安全生产责任、责任范围和考核标准。全员安全生产责任制应覆盖本企业所有组织和岗位，责任内容、范围、考核标准要简明扼要、清晰明确、便于操作、适时更新。对企业一线职工的全员安全生产责任制，更要力求通俗易懂。

（2）强化企业全员安全生产责任制公示工作

企业要在适当位置对全员安全生产责任制进行长期公示。公示的内容主要包括所有层级和岗位的安全生产责任、责任范围及考核标准等。

（3）加强企业全员安全生产责任制教育培训工作

企业主要负责人要指定专人负责组织并实施本企业全员安全生产教育培训计划。企业要将全员安全生产责任制教育培训工作纳入安全生产年度培训计划，可通过自行组织或委托具备安全培训条件的中介服务机构等方式实施。通过教育培训，提升全体职工的安全技能，培养良好的安全习惯。同时，企业要建立健全教育培训档案，如实记录安全生产教育和培训情况。

（4）加强落实企业全员安全生产责任制管理考核工作

企业要建立健全全员安全生产责任制管理考核制度，对全员安全生产责任制落实情况进行管理考核。要建立健全激励约束机制，奖励主动落实、全面落实责任人员，惩处不落实、部分落实责任人员，不断激发全员参与安全生产工作的积极性和主动性，形成良好的企业安全文化氛围。

9. 全员安全生产责任制的监督检查包括哪些内容?

负有安全生产监督管理职责的部门要加强对企业全员安全生产责任制的监督检查，地方各级负有安全生产监督管理职责的部门要按照《安全生产法》中“管行业必须管安全、管业务必须管安全、管生产经营必须管安全”和“谁主管、谁负责”的要求，切实履行安全生产监督管理职责，加强对企业建立和落实全员安全生产责任制工作的指导督促，并加大监督检查力度。监督检查的内容主要包括以下五个方面。

1）企业全员安全生产责任制建立情况。包括是否建立了涵盖所有层级和所有岗位的安全生产责任制、是否明确了安全生产责任范围、是否认真贯彻执行《国家安全监管总局关于印发企业安全生产责任体系五落实五到位规定的通知》（安监总办〔2015〕27号）等。

2）企业全员安全生产责任制公示情况。包括是否在适当位置进行了公示、相关安全生产责任制内容是否符合要求等。

3）企业全员安全生产责任制教育培训情况。包括是否制订了培训计划和方案、是否按照规定对所有岗位从业人员（含劳务派遣人员、实习学生等）进行了全员安全生产责任制教育培训、是否如实记录相关教育培训情况等。

4）企业全员安全生产责任制考核情况。包括是否建立了企业全员安全生产责任制考核制度、是否将企业全员安全生产责任制度考核贯彻落实到位等。

5）强化监督检查和依法处罚。地方各级负有安全生产监督管理职责的部门要把企业建立和落实全员安全生产责任制情况纳入年度执法计划，加大日常监督检查力度，督促企业全面落实主体责任。对企业主要负责人未履行建立健全全员安全生产责任制职责，直接负责的主管人员和其他直接责任人员未对所有岗位从业人员（含被派遣劳动者、实习学生等）进行相关教育培训或者未如实记录教育培训情况等违法违规行为，由地方各级负有安全生产监督管理职责的部门依照相关法律法规予以处罚。健全安全生产不良记录“黑名单”制度，因拒不落实企业全员安全生产责任制而造成严重后果的，要纳入惩戒范围，并定期向社会公布。

10. 企业应该如何进行全员安全生产责任制的更新?

全员安全生产责任制的切实落地，不仅在于要建立这项制度，更在于持续不断地健全完善这项制度，使其与时俱进，而非一成不变。建立健全全员安全生产责任制看似简单，实则不易。“建立”只是第一步，首先解决明确各层级、各岗位的安全生产责任问题。而“健全”则是解决使安全生产责任更加科学、合理、精准、有效的问题，不断修改、修正、补正原有全员安全生产责任制的缺陷和不足之处，以适时反映及适应企业安全发展的新特点、新问题及新要求，进而实现制度的科学化。企业不仅要重视全员安全生产责任制的建立，更要重视健全完善这项制度，进而实现企业安全管理的科学化、制度化、规范化，进一步织密安全责任网。全员安全生产责任制的更新是一个持续的过程，需要企业具备动态适应能力和创新意识。进行全员安全生产责任制的更新可以考虑以下四个方面。

1）消除现有制度的缺陷。对现有的全员安全生产责任制进行审查，识别和消除制度中的缺陷。更新后的制度应注重实际操作和执行效果，确保制度易于理解、实施和遵守。

2）适应新的法律、法规和相关标准。企业应密切关注政府关于安全生产的最新法规和标准，确保企业的相关安全生产责任制度与最新的法规和标准保持一致。对于新的法规和标准，企业需要理解并评估其对现有制度的影响，然后进行相应更新和调整。

3）定期评估全员安全生产责任制。企业应定期对全员安全生产责任制进行评估，分析其有效性。可以通过内部审查、职工反馈、外部专家建议等方式进行。评估结果应作为制度更新的重要依据，以持续优化和完善制度。

4）建立文档记录。对于所有的制度更新活动，企业应建立详细的文档记录，包括更新的时间、内容、原因、执行情况等。建立文档记录有助于企业进行回顾与分析，为未来的制度更新提供参考和依据。

二、安全生产责任制与其他相关概念的介绍与区别

11. 什么是安全生产主体责任?

主体的含义可以从两个角度来理解，一是从哲学角度出发，主体指对客体有认识和实践能力的人，是赋予客体存在意义的关键决定者；二是从法学角度出发，主体指权利义务的承受者，在民法中指享受权利和承担义务的公民或法人。

（1）安全生产主体责任的相关概念

1）主体责任：生产经营单位是生产经营活动的主体，是安全生产工作责任的直接承担主体。

2）生产经营单位安全生产主体责任：生产经营单位依照法律法规规定，应当履行的安全生产法定职责和义务。

3）生产经营单位承担安全生产主体责任：生产经营单位在生产经营活动全过程中，必须按照《安全生产法》等相关法律法规履行义务和承担责任，否则会受到责任追究。生产经营单位是安全生产的责任主体，应当对本单位的安全生产承担主体责任，并对未承担安全生产主体责任导致的后果负责。

（2）安全生产主体责任的具体内容

明确企业安全生产主体责任的具体内容，是生产经营单位依法履行安全生产法定职责的重要前提，也是政府加快职能转变、切实强化安全生产工作监管的客观需要。生产经营单位安全生产主体责任主要包括以下具体内容。

1）物质保障责任。包括具备安全生产条件；依法履行建设项目安全设施“三同时”的规定；依法为从业人员提供劳动防护用品，并监督、教育其正确佩戴和使用等。

2）资金投入责任。包括按照规定提取和使用安全生产费

用，确保资金投入满足安全生产条件的需要；按规定存储安全生产风险抵押金；依法为从业人员缴纳工伤保险费；保证安全生产教育培训资金充足等。

3）机构设置和人员配备责任。包括依法设置安全生产管理机构，并配备安全生产管理人员；按规定委托和聘用注册安全工程师或者注册安全助理工程师提供安全管理服务等。

4）规章制度制定责任。包括建立健全安全生产责任制和各项规章制度、操作规程等。

5）教育培训责任。包括依法组织从业人员参加安全生产教育培训，取得相关上岗资格证书等。

6）安全管理责任。包括依法加强安全生产管理，定期组织开展安全检查；依法取得安全生产许可；依法对重大危险源实施监控，及时消除事故隐患；开展安全生产宣传教育；统一协调管理承包、承租单位的安全生产工作等。

7）事故报告和应急救援责任。包括按规定报告生产安全事故，及时开展事故抢险救援，妥善处理事故善后工作等。

8）法律、法规、规章规定的其他安全生产责任。

12. 安全生产责任书与全员安全生产责任清单内容是什么？

安全生产责任书是全员安全生产责任制中的重要记录文件，用于规定生产经营单位在安全生产方面的具体责任、义务和管理措施。在全员安全生产责任制框架下，每位从业人员都应该签署安全生产责任书，以此作为对自己岗位安全生产职责的郑重承诺和负责证明。安全生产责任书的内容一般包括：

1）安全生产责任目标，这部分内容通常以具体、可量化的形式呈现，例如，杜绝一般及以上重大伤亡事故，工伤事故死亡率控制在 0.7×10^{-4} 以内等；

2）安全生产责任内容，这部分应该详细描述每个岗位从业人员的具体安全生产职责和任务，不同岗位的责任内容要有所区别，各自与其生产作业相对应；

3）考核与奖惩，这部分应写明安全生产责任的考核方式、标准和程序，根据考核情况给予从业人员奖励或惩处，对于严重违反安全生产责任且构成犯罪的，应当依法追究其刑事责任。

全员安全生产责任清单是全员安全生产责任制的重要组成部分，它包括整个生产经营单位中各个岗位从业人员的安全生产职责。这份清单可以近似认为是一份集合了各岗位安全生产责任书中安全生产责任内容的整合性文件。生产经营单位应结合行业特点、性质、规模，以及组织架构和内部运行管理模式，制定符合本单位实际的全员安全生产责任清单，明确主要负责人、其他负责人、职能部门负责人、生产车间（区队）负责人、生产班组负责人、一般从业人员等全体从业人员的安全生产责任，确保每个岗位从业人员都清楚自己在安全生产中的职责和角色。

相关链接

部分单位误认为明确了各自安全生产职责就是建立了全员安全生产责任制，实际上，仅仅建立了全员安全生产责任清单并不等同于建立全员安全生产责任制，全员安全生产责任清单的建立只是第一步，一个完善的全员安全生产责任制还应包括明责、履责、考核和追责等各个环节，如果没有这些环节，那么责任清单的建立就是一张废纸。很多企业的薄弱环节在于考核和追责，不易实现追责或不知道如何追责。如果缺少考核和追责，那么建立的全员安全生产责任清单也不会完善。在这种情况下，对于从业人员来说，建立怎样的全员安全生产责任清单与其关系不大，因为不会考核和追责，从业人员不会过问这些责任是否与其实际相符、是否与其职位相符。

13. 安全生产责任制与安全生产职责有什么关系?

安全生产职责是指各个安全生产责任主体和责任人在安全生产中依法依规所应承担的任务和责任的详细清单，是履行安全生产责任的具体条款；而安全生产岗位职责是安全生产职责在不同岗位上的具体体现和职责要求，尽管有时“安全生产岗位职责”和“安全生产职责”没有明显区分，但“安全生产岗位职责”相对于“安全生产职责”来说更加具体。

首先必须认识到，并不是有了安全生产岗位职责就是建立健全了全员安全生产责任制，而是必须要有与此相对应的安全生产岗位职责考核机制，也就是对动态安全生产岗位职责考核管理机制提出的管理要求。

建立健全全员安全生产责任制是安全生产管理中最首要、最关键的内容，其中机构（部门或单位）、人员、岗位职责和考核制度等都是其不可或缺的组成部分，缺少其中任意一方面都很难称其为健全的全员安全生产责任制。

全员安全生产责任制即为一个包括安全生产责任制度、安全生产考核制度等制度的综合性制度体系，并与各岗位安全生产职责紧密相连。这些综合制度的作用是统筹和指导各个岗位安全生产职责能够得到有效落实，特别是对安全生产职责的考核是“保证全员安全生产责任制的落实”。

所以，安全生产职责不等同于全员安全生产责任制，各岗位职责之间也不能相互替代，而全员安全生产责任制则涵盖了各岗位安全生产职责的内容，其中考核管理是落实各项安全生产岗位职责有效落实必不可少的内容，有了它才能形成全员安全生产责任制的动态管理。

14. 全员安全生产责任制与安全生产规章制度有什么联系？

全员安全生产责任制是指建立并落实全员安全生产职责的规范性指导文件，该文件是指导开展安全生产管理的总纲。

安全生产规章制度是以全员安全生产责任制为核心内容，指引和约束人们在安全生产方面的行为的一系列规章制度。安全生产规章制度内容很多，主要包括全员安全生产责任制、安全生产资金保障制度、安全生产教育培训制度、安全生产检查制度和生产安全事故报告与调查处理制度等。

全员安全生产责任制不仅是安全生产管理的基础，更是各项制度的根源和灵魂，各项制度的建立都源于全员安全生产责任制，全员安全生产责任制规定的职责和责任应与各项安全规章制度规定的职责和责任是一致的，否则就无法执行。全员安全生产责任制的实施是一个不断完善和补充的过程。例如，全员安全生产责任制明确了消防安全管理责任由综合办公室负责。如果在建立消防安全管理制度时，将消防的具体职责划分到其他部门，就会导致职责划分不清，从而引发履职困难和追责难题。

15. 全员安全生产责任制和安全生产责任体系有什么联系？

全员安全生产责任制与安全生产责任体系是相互关联、紧密联系的。安全生产责任体系是全员安全生产责任制的落地与延伸，是责任制度的系统化表达，全员安全生产责任制是安全生产责任体系的编制依据。责任体系的建立是在责任制度完善的基础上逐步推进的。

全员安全生产责任制的实施首先要编制安全生产责任体系，其内容大致分为两个方面。

一是纵向方面，涉及各级组织、各级人员的全员安全生产责任制。包括阐明集团公司、直属企业、二级公司以及基层生产单位等安全生产责任主体的安全主体责任，并将其纳入企业各级单位、部门的职责和权限范围；同时还要阐明企业领导、职能管理部门负责人、基层单位各级负责人、各职能管理部门人员、各生产岗位人员以及全体职工的安全生产具体责任。

二是横向方面，涉及各职能管理部门的全员安全生产责任制。包括要阐明各职能管理部门（如安全监管、规划发展、人事教育、财务管理、法律及经营风险管理、生产调度、市场营销、技术、设计、工程建设管理、设备设施管理等部门以及党群系统）的安全生产责任。在 HSE 管理体系[①]和职业健康安全管理体系中，安全生产责任要划分到相应的职能管理部门。

由此可见，只有系统建立了纵向和横向全员安全生产责任制的企业，才能称得上建立了完善的安全生产责任制体系，才能体现出全员安全生产责任制在企业安全生产监督管理中的作用。

知识学习

企业在落实全员安全生产责任制文件化的工作中应制定以下管理文件：①全员安全生产责任制实施办法；②全员安全生产责任制检查制度；③全员安全生产责任制分级考核办法。

全员安全生产责任制体系建设结构的文件化一般包括以下内容：①总则；②安全生产责任主体的安全生产职责；③安全生产主体责任人的安全生产职责；④安全总监、安全工程师、安全员的主要安全生产职责；⑤党群系统安全职责；⑥全员安全生产责任制的考核；⑦安全生产责任追究；⑧附则。

① HSE 管理体系是指健康（health）、安全（safety）和环境（environment）三位一体的管理体系。

三、主要相关法律、法规对安全生产责任的规定

16. 基层职工了解安全法律、法规与责任有何作用或帮助？

安全生产是任何组织中至关重要的一环，特别对于基层职工而言，他们是现场操作的主要执行者，他们对安全法律与责任的了解和遵守对于保障工作场所安全至关重要。

1）对安全法律的了解可以为基层职工提供明确的行为规范和工作标准。法律、法规规定了工作场所安全的要求和标准，这些包括但不限于个人防护装备的使用、生产设备的操作规程、紧急情况下的应急措施等。了解这些要求和标准能够帮助基层职工明白自己在工作中的职责和义务，以及他们所必须遵守的安全规章。这种清晰的认识有助于降低事故风险，保障工作场所的安全。

2）深入了解安全法律与责任有助于提高职工的安全意识。

通过学习和了解相关法律、法规，基层职工更容易意识到不安全行为可能造成的人身伤害后果或者他们可能面临的法律责任。这样的认知能够激发基层职工更加重视安全操作，并且积极参与到安全管理和事故预防中。他们会更加谨慎地进行生产作业，避免违反安全法律带来的风险，从而减少事故发生的可能性。

3）对安全法律与责任的掌握有助于基层职工更好地应对紧急情况。基层职工了解自己在应急情况下的责任与义务，知道如何快速、正确地应对。他们能够意识到在紧急情况下的行动应该迅速并按照规定程序进行，及时报告并采取必要的措施以减少事故带来的损失。

总的来说，安全法律与责任对于基层职工至关重要。这不仅能够提供行为准则和工作标准，还能提高基层职工的安全意识，使他们更加积极地参与安全管理。这种深入了解和遵守安全法律的态度有助于建立一个更加安全、稳定的工作环境，保障基层职工的安全和健康。

17. 我国安全生产法规体系总体形式是怎样的？

2002 年，为了全面、系统地反映国家关于加强安全生产监督管理的基本方针和原则，确定对各行业、各部门和各类企业普遍适用的安全生产基本管理制度，并对安全生产管理中普遍存在的共性、基本的法律问题作出统一规范，全国人大颁布实施了《安全生产法》。其后，以《安全生产法》为核心，包括法律、行政法规、部门规章和地方性安全生产法规和规章的安全生产法律体系正在逐步建立并日趋完善。

目前，全国人民代表大会、国务院和相关主管部门已经颁布实施了众多有关安全生产的法律、行政法规和部门规章。其中，包括《安全生产法》《中华人民共和国劳动法》《中华人民共和国煤炭法》《中华人民共和国矿山安全法》《中华人民共和国职业病防治法》《中华人民共和国海上交通安全法》《中华人民共和国道路交通安全法》《中华人民共和国消防法》《中华人民共和国铁路法》《中华人民共和国民用航空法》《中华人民共和国电力法》《中华人民共和国建筑法》《中华人民共和国特种设备安全法》等十余部法律；国务院制定的《国务院关于特大安全事故行政责任追究的规定》《安全生产许可证条例》《煤矿安全监察条例》《国务院关于预防煤矿生产安全事故的特别规定》《生产安全事故报告和调查处理条例》《危险化学品安全管理条例》《中华人民共和国道路交通安全法实施条例》《建设工程安全生产管理条例》等数十部行政法规；国务院有关部门和机构出台的《安全生产违法行为行政处罚办法》《安全生产监督罚款管理暂行办法》《安全生产领域违法违纪行为政纪处分暂行规定》《煤矿安全监察行政处罚办法》《危险化学品登记管理办法》等上百部部门规章。此外，各地人民代表大会和政府也陆续制定并出台了不少地方性法规和地方政府规章，如各省（自治区、直辖市）的安全生产条例等。

相关链接

2002 年 6 月 29 日，第九届全国人民代表大会常务委员会第二十八次会议通过，《安全生产法》于 2002 年 11 月 1 日实施。

2009 年 8 月 27 日，第十一届全国人民代表大会常务委员会第十次会议通过《关于修改部分法律的决定》，《安全生产法》第一次修正，并于 2009 年 8 月 27 日实施。

2014年8月31日，第十二届全国人民代表大会常务委员会第十次会议《关于修改〈中华人民共和国安全生产法〉的决定》，《安全生产法》第二次修正，并于2014年12月1日实施。

2021年6月10日，第十三届全国人民代表大会常务委员会第二十九次会议《关于修改〈中华人民共和国安全生产法〉的决定》，《安全生产法》第三次修正，并于2021年9月1日起施行。这一版是最新现行的《安全生产法》。

18. 我国安全生产方针是什么？

《安全生产法》第三条规定，安全生产工作应当以人为本，坚持人民至上、生命至上，把保护人民生命安全摆在首位，树牢安全发展理念，坚持安全第一、预防为主、综合治理的方针，从源头上防范化解重大安全风险。安全生产工作实行管行业必须管安全、管业务必须管安全、管生产经营必须管安全，强化和落实生产经营单位主体责任与政府监管责任，建立生产经营单位负责、职工参与、政府监管、行业自律和社会监督的机制。

安全生产方针是安全生产的总方针、总政策，是党和国家针对生产建设的特殊性而制定的工作方针，是社会主义制度优越性的具体体现，是对各行业安全生产工作总的要求和指导原则，它为安全生产工作指明了方向。

（1）安全生产方针的内涵

“安全第一”是指在看待和处理安全同生产和其他工作的关系上，应始终把安全放在首位。当生产和其他工作同安全发生冲突时，应优先保障安全是主要的、第一位的，确保不安全不生产、风险不管控不生产、隐患不排除不生产、安全措施不落实不生产。

“预防为主”是指在事故预防与事故处理的关系上，应以预防为主，防患于未然。通过安全风险分级管控和事故隐患排查治理双重预防的防范措施，将风险控制在隐患形成之前，将隐患消除在事故发生之前。

“综合治理”是预防事故及其危害的有效途径，在全行业、全系统、全企业、各部门之间形成协同合作，共同推进安全工作，必须齐抓共管，综合治理；坚持“管理、装备、素质、系统”并重的基本原则，全过程、全方位、全员参与，共同推进安全工作。

（2）贯彻安全生产方针的措施

为了贯彻落实安全生产方针，我国安全生产工作应坚持“管理、装备、素质、系统”并重的基本原则。要求从业人员做到：

1）牢固树立“安全第一”的思想，确保不安全不生产；

2）熟练掌握岗位安全生产职责，做到明责、履责、尽责；

3）遵守安全管理制度，学法、知法、守法，树立依法从事安全生产的意识；

4）依规作业，坚决杜绝“三违”现象（违章指挥、违规作业、违反劳动纪律）；

5）积极参加安全培训及安全技能提升培训，增强安全生产知识和岗位操作技能，不断提高个人业务素质；

6）作业前要进行安全风险辨识及安全确认，工作中随时排查事故隐患，发现问题立即报告并妥善处理。

19. 安全生产法规分哪几大类？

安全生产法规，从内容上划分主要有以下三类。

（1）安全生产管理法规

安全生产管理法规也称为安全管理法规，是国家为强化安全生产工作，加强劳动保护，保障职工安全健康所制定的规范性文件。这里主要是指规定领导和管理原则、管理制度的规范性文件。从广义上讲，国家立法、监察、监督检查和安全教育等工作也属管理范畴。

（2）安全技术法规

国家为了消除或控制生产过程中的潜在危险因素，防止人身伤亡事故的发生而制定的技术性与组织性法规，统称为安全技术法规。通常以规定、规则、标准等形式出现，大多是针对特定事项的单项规定。

（3）职业卫生法规

职业卫生法规是指国家为了改善劳动条件，保护职工在劳动过程中的身心健康，预防和消除职业中毒而制定的一系列法律规范。这些法律规范既包括劳动卫生工程技术措施，也包括预防医学保健措施等方面的规定，具体内容包括工矿企业设计、建设中的劳动卫生规定，防止粉尘、有毒物质以及物理性危害因素的措施，劳动卫生及个体防护的规定，劳动卫生辅助设施的设置等。

法律提示

安全生产法规还可以根据法律效力进行分类，按照法律效力的大小依次分为法律、行政法规、部门规章和技术标准。

安全领域法律包括《安全生产法》《中华人民共和国劳动法》等。

行政法规是由国务院根据宪法和法律，为领导和管理国家各项行政工作，按照法定程序制定的规范性文件。安全领域行政法规包括《国务院关于特大安全事故行政责任追究的规定》《危险化学品安全管理条例》等。

部门规章是国务院各部门在本部门职权范围内，根据法律和国务院的行政法规、决定、命令制定的，并以部门首长签署命令的形式颁布的规范性文件。安全领域部门规章包括《安全生产违法行为行政处罚办法》《安全生产监督罚款管理暂行办法》等。

安全技术标准是国务院各部门或各地方部门依据《中华人民共和国标准化法》的有关法定程序单独或联合制定颁发的，用以规范安全技术领域中人与自然、科学技术的关系的准则或标准。

20. 从业人员有哪些安全生产权利与义务?

《安全生产法》第三章明确规定了生产经营单位从业人员在安全生产方面的权利与义务。

(1)从业人员在安全生产方面的权利

1)生产经营单位与从业人员订立的劳动合同,应当载明有关保障从业人员劳动安全、防止职业危害的事项,以及依法为从业人员办理工伤保险的事项。

2)生产经营单位的从业人员有权了解其作业场所和工作岗位存在的危险因素、防范措施及事故应急措施,有权对本单位的安全生产工作提出建议。

3)从业人员有权对本单位安全生产工作中存在的问题提出批评、检举、控告;有权拒绝违章指挥和强令冒险作业。

4)从业人员发现直接危及人身安全的紧急情况时,有权停止作业或者在采取可能的应急措施后撤离作业场所。

5)因生产安全事故受到损害的从业人员,除依法享有工伤保险外,依照有关民事法律尚有获得赔偿的权利的,有权向本单位提出赔偿要求。

(2)从业人员在安全生产方面的义务

1)从业人员在作业过程中,应当严格落实岗位安全责任,遵守本单位的安全生产规章制度和操作规程,服从管理,正确佩戴和使用劳动防护用品。

2)从业人员应当接受安全生产教育和培训,掌握本职工作所需的安全生产知识,提高安全生产技能,增强事故预防和应急处理能力。

3)从业人员发现事故隐患或者其他不安全因素,应当立即向现场安全生产管理人员或者本单位负责人报告;接到报告的人员应当及时予以处理。

21. 生产经营单位为什么必须建立安全生产规章制度?

（1）安全生产规章制度设立是生产经营单位的法定责任

生产经营单位要实施有效的安全生产管理，履行其保护职工安全、健康的法定义务，落实“安全第一、预防为主、综合治理”的安全生产方针，就必须建立健全强有力的组织保障体系、规章制度保障体系和措施保障体系。这三大体系的具体体现就是以全员安全生产责任制为核心的安全生产管理规章制度体系。

安全生产管理规章制度是生产经营单位规章制度的重要组成部分，是国家有关法律、法规、标准在生产经营单位安全生产中的具体落实，是全体从业人员从事安全生产的行为准则，因此，一切生产经营单位都必须建立健全一整套既符合国家法律法规、标准，又符合生产经营单位自身实际情况的安全生产管理规章制度。

生产经营单位安全生产管理规章制度基本可分为三大类：一是以生产经营单位全员安全生产责任制为核心的全厂性安全生产总则；二是各种单项制度，如安全生产的教育制度、检查制度、安全技术措施管理制度等；三是岗位安全操作规程。

（2）安全生产规章制度建立是生产经营单位安全生产的重要保障

生产经营的目的之一就是追求利润，但在追求利润的过程中，如果不能有效防范安全风险，生产经营单位的生产经营秩序就不能保障，甚至还会引发社会性灾难。客观上，需要生产经营单位对生产工艺过程、机械设备、人员操作进行系统分析和评价，制定出一系列操作规程和安全控制措施，以保障生产经营工作合法、有序、安全运行，将安全风险降到最低。在长期的生产经营活动中，生产经营单位积累了大量的安全风险防范对策措施，这些对策措施只有在形成了安全生产规章制度后，才能不断实施和推广。

（3）安全生产规章制度设立是保护从业人员安全与健康的重要手段

安全生产的相关法律、法规明确规定，生产经营单位必须采取切实可行的措施，保障从业人员的安全与健康，因此，只有通过安全生产规章制度的约束，才能防止生产经营单位安全管理的随意性，才能使从业人员进一步明确自己的权利和义务，有效保障从业人员的合法权益。同时，也为从业人员在生产经营过程中遵章守纪提供了明确的标准和依据。

22.《国务院关于进一步加强企业安全生产工作的通知》在安全生产责任方面有哪些重要规定？

《国务院关于进一步加强企业安全生产工作的通知》（国发〔2010〕23号）中安全生产责任重要规定主要体现在：加大对事故企业负责人的责任追究力度。企业发生重大生产安全责任事故，追究事故企业主要负责人责任；触犯法律的，依法追究事故企业主要负责人或企业实际控制人的法律责任。发生特别重大事故，除追究企业主要负责人和实际控制人责任外，还要追究上级企业主要负责人的责任；触犯法律的，依法追究企业主要负责人、企业实际控制人和上级企业负责人的法律责任。对重大、特别重大生产安全责任事故负有主要责任的企业，其主要负责人终身不得担任本行业企业的矿长（厂长、经理）。对非法违法生产造成人员伤亡的，以及瞒报事故、事故后逃逸等情节特别恶劣的，要依法从重处罚。

进一步加大安全监督力度。对打击非法生产不力的地方实行严格的责任追究。在所辖区域对群众举报、上级督办、日常检查发现的非法生产企业（单位）没有采取有效措施予以查处，致使非法生产企业（单位）存在的，对县（市、区）、乡（镇）

人民政府主要领导以及相关责任人，根据情节轻重，给予降级、撤职或者开除的行政处分，涉嫌犯罪的，依法追究刑事责任。国家另有规定的，从其规定。

23.《中华人民共和国劳动法》关于安全生产责任有哪些主要规定？

《中华人民共和国劳动法》（以下简称《劳动法》）第九十二条规定："用人单位的劳动安全设施和劳动卫生条件不符合国家规定或者未向劳动者提供必要的劳动防护用品和劳动保护设施的，由劳动行政部门或者有关部门责令改正，可以处以罚款；情节严重的，提请县级以上人民政府决定责令停产整顿；对事故隐患不采取措施，致使发生重大事故，造成劳动者生命和财产损失的，对责任人员比照刑法第一百八十七条的规定追究刑事责任。"

第九十三条规定："用人单位强令劳动者违章冒险作业，发生重大伤亡事故，造成严重后果的，对责任人员依法追究刑事责任。"

知识学习

《劳动法》于1994年7月5日由第八届全国人民代表大会常务委员会第八次会议通过，自1995年1月1日起施行。根据2009年8月27日第十一届全国人民代表大会常务委员会第十次会议《关于修改部分法律的决定》第一次修正；根据2018年12月29日第十三届全国人民代表大会常务委员会第七次会议《关于修改〈中华人民共和国劳动法〉等七部法律的决定》第二次修正。

《劳动法》的实施，对保护劳动者的合法权益，调整劳动关系，建立和维护适应社会主义市场经济的劳动制度，保障劳动者生产安全和职业卫生，促进经济发展和社会进步具有重大意义。

24.《中华人民共和国刑法》在安全生产责任方面有哪些规定?

《中华人民共和国刑法》(以下简称《刑法》)第一百三十四条规定:“在生产、作业中违反有关安全管理的规定，因而发生重大伤亡事故或者造成其他严重后果的，处三年以下有期徒刑或者拘役；情节特别恶劣的，处三年以上七年以下有期徒刑。强令他人违章冒险作业，或者明知存在重大事故隐患而不排除，仍冒险组织作业，因而发生重大伤亡事故或者造成其他严重后果的，处五年以下有期徒刑或者拘役；情节特别恶劣的，处五年以上有期徒刑。”

第一百三十五条规定:“安全生产设施或者安全生产条件不符合国家规定，因而发生重大伤亡事故或者造成其他严重后果的，对直接负责的主管人员和其他直接责任人员，处三年以下有期徒刑或者拘役；情节特别恶劣的，处三年以上七年以下有期徒刑。举办大型群众性活动违反安全管理规定，因而发生重大伤亡事故或者造成其他严重后果的，对直接负责的主管人员和其他直接责任人员，处三年以下有期徒刑或者拘役；情节特别恶劣的，处三年以上七年以下有期徒刑。”

第一百三十六条规定：“违反爆炸性、易燃性、放射性、毒害性、腐蚀性物品的管理规定，在生产、储存、运输、使用中发生重大事故，造成严重后果的，处三年以下有期徒刑或者拘役；后果特别严重的，处三年以上七年以下有期徒刑。”

第一百三十七条规定：“建设单位、设计单位、施工单位、工程监理单位违反国家规定，降低工程质量标准，造成重大安全事故的，对直接责任人员，处五年以下有期徒刑或者拘役，并处罚金；后果特别严重的，处五年以上十年以下有期徒刑，并处罚金。”

知识学习

1979 年 7 月 1 日，《刑法》由第五届全国人民代表大会第二次会议通过。1997 年 3 月 14 日，由第八届全国人民代表大会第五次会议修订。根据 1998 年 12 月 29 日第九届全国人民代表大会常务委员会第六次会议通过的《全国人民代表大会常务委员会关于惩治骗购外汇、逃汇和非法买卖外汇犯罪的决定》、1999 年 12 月 25 日第九届全国人民代表大会常务委员会第十三次会议通过的《中华人民共和国刑法修正案》、2001 年 8 月 31 日第九届全国人民代表大会常务委员会第二十三次会议通过的《中华人民共和国刑法修正案（二）》、2001年12月29日第九届全国人民代表大会常务委员会第二十五次会议通过的《中华人民共和国刑法修正案（三）》、2002年12月28日第九届全国人民代表大会常务委员会第三十一次会议通过的《中华人民共和国刑法修正案（四）》、2005年2月28日第十届全国人民代表大会常务委员会第十四次会议通过的《中华人民共和国刑法修正案（五）》、2006年6月29日第十届全国人民代表大会常务委员会第二十二次会议通过的《中华人民共和国刑法修正案（六）》、2009年2月28日第十一届全国人民代表大会常务委员会第七次会议通过的《中华人民共和国刑法修正案（七）》、2009年8月27日第十一届全国人民代表大会常务委员会第十次会议通过的《全国人民代表大会常务委员会关于修改部分法律的决定》、2011年2月25日第十一届全国人民代表大会常务委员会第十九次会议通过的《中华人民共和国刑法修正案（八）》、2015年8月29日第十二届全国人民代表大会常务委员会第十六次会议通过的《中华人民共和国刑法修正案（九）》、2017年11月4日第十二届全国人民代表大会常务委员会第三十次会议通过的《中华人民共和国刑法修正案（十）》和2020年12月26日第十三届全国人民代表大会常务委员会第二十四次会议通过的《中华人民共和国刑法修正案（十一）》对其进行修正。

25.《安全生产法》在安全生产责任方面有哪些规定?

《安全生产法》第九十条规定:“负有安全生产监督管理职责的部门的工作人员，有下列行为之一的，给予降级或者撤职的处分;构成犯罪的，依照刑法有关规定追究刑事责任:(一)对不符合法定安全生产条件的涉及安全生产的事项予以批准或者验收通过的;(二)发现未依法取得批准、验收的单位擅自从事有关活动或者接到举报后不予取缔或者不依法予以处理的;(三)对已经依法取得批准的单位不履行监督管理职责，发现其不再具备安全生产条件而不撤销原批准或者发现安全生产违法行为不予查处的;(四)在监督检查中发现重大事故隐患，不依法及时处理的。负有安全生产监督管理职责的部门的工作人员有前款规定以外的滥用职权、玩忽职守、徇私舞弊行为的，依法给予处分;构成犯罪的，依照刑法有关规定追究刑事责任。”

第九十四条规定:“生产经营单位的主要负责人未履行本法规定的安全生产管理职责的，责令限期改正，处二万元以上五万元以下的罚款;逾期未改正的，处五万元以上十万元以下的罚款，责令生产经营单位停产停业整顿。生产经营单位的主要负责人有前款违法行为，导致发生生产安全事故的，给予撤职处分;构成犯罪的，依照刑法有关规定追究刑事责任。生产经营单位的主要负责人依照前款规定受刑事处罚或者撤职处分的，自刑罚执行完毕或者受处分之日起，五年内不得担任任何生产经营单位的主要负责人;对重大、特别重大生产安全事故负有责任的，终身不得担任本行业生产经营单位的主要负责人。”

知识学习

2002年6月29日，《安全生产法》由第九届全国人民代表大会常务委员会第二十八次会议通过，自2002年11月1日起施行。根据2009年8月27日第十一届全国人民代表大会常务委员会第十次会议《关于修改部分法律的决定》第一次修正。根据2014年8月31日第十二届全国人民代表大会常务委员会第十次会议《关于修改〈中华人民共和国安全生产法〉的决定》第二次修正。根据2021年6月10日第十三届全国人民代表大会常务委员会第二十九次会议《关于修改〈中华人民共和国安全生产法〉的决定》第三次修正。

《安全生产法》是我国第一部全面规范安全生产的专门法律，是各类生产经营单位及其从业人员实施生产、经营所必须遵循的行为准则，是制裁各种安全生产违法犯罪行为的有力武器。

26.《中华人民共和国职业病防治法》在安全生产责任方面有哪些规定?

《中华人民共和国职业病防治法》(以下简称《职业病防治法》)第七十七条规定:“用人单位违反本法规定，已经对劳动者生命健康造成严重损害的，由卫生行政部门责令停止产生职业病危害的作业，或者提请有关人民政府按照国务院规定的权限责令关闭，并处十万元以上五十万元以下的罚款。”

第七十八条规定:“用人单位违反本法规定，造成重大职业病危害事故或者其他严重后果，构成犯罪的，对直接负责的主管人员和其他直接责任人员，依法追究刑事责任。”

第八十二条规定:“卫生行政部门不按照规定报告职业病

和职业病危害事故的，由上一级行政部门责令改正，通报批评，给予警告；虚报、瞒报的，对单位负责人、直接负责的主管人员和其他直接责任人员依法给予降级、撤职或者开除的处分。”

第八十三条规定：“县级以上地方人民政府在职业病防治工作中未依照本法履行职责，本行政区域出现重大职业病危害事故、造成严重社会影响的，依法对直接负责的主管人员和其他直接责任人员给予记大过直至开除的处分。县级以上人民政府职业卫生监督管理部门不履行本法规定的职责，滥用职权、玩忽职守、徇私舞弊，依法对直接负责的主管人员和其他直接责任人员给予记大过或者降级的处分；造成职业病危害事故或者其他严重后果的，依法给予撤职或者开除的处分。”

知识学习

2001 年 10 月 27 日，《职业病防治法》由第九届全国人民代表大会常务委员会第二十四次会议通过，自 2002 年 5 月 1 日起施行。根据 2011 年 12 月 31 日第十一届全国人民代表大会常务委员会第二十四次会议《关于修改〈中华人民共和国职业病防治法〉的决定》第一次修正。根据 2016 年 7 月 2 日第十二届全国人民代表大会常务委员会第二十一次会议《关于修改〈中华人民共和国节约能源法〉等六部法律的决定》第二次修正。根据 2017 年 11 月 4 日第十二届全国人民代表大会常务委员会第三十次会议《关于修改〈中华人民共和国会计法〉等十一部法律的决定》第三次修正。根据 2018 年 12 月 29 日第十三届全国人民代表大会常务委员会第七次会议《关于修改〈中华人民共和国劳动法〉等七部法律的决定》第四次修正。《职业病防治法》对预防、控制和消除职业病危害，防治职业病，保护劳动者健康及其相关权益具有重大意义。

27.《中华人民共和国工会法》在安全生产责任方面有哪些规定？

《中华人民共和国工会法》(以下简称《工会法》)第二十三条规定："企业、事业单位、社会组织违反劳动法律法规规定，有下列侵犯职工劳动权益情形，工会应当代表职工与企业、事业单位、社会组织交涉，要求企业、事业单位、社会组织采取措施予以改正；企业、事业单位、社会组织应当予以研究处理，并向工会作出答复；企业、事业单位、社会组织拒不改正的，工会可以提请当地人民政府依法作出处理：(一)克扣、拖欠职工工资的；(二)不提供劳动安全卫生条件的；(三)随意延长劳动时间的；(四)侵犯女职工和未成年工特殊权益的；(五)其他严重侵犯职工劳动权益的。"

第二十四条规定："工会依照国家规定对新建、扩建企业和技术改造工程中的劳动条件和安全卫生设施与主体工程同时设计、同时施工、同时投产使用进行监督。对工会提出的意见，企业或者主管部门应当认真处理，并将处理结果书面通知工会。"

第二十五条规定："工会发现企业违章指挥、强令工人冒险作业，或者生产过程中发现明显重大事故隐患和职业危害，有权提出解决的建议，企业应当及时研究答复；发现危及职工生命安全的情况时，工会有权向企业建议组织职工撤离危险现场，企业必须及时作出处理决定。"

第二十七条规定："职工因工伤亡事故和其他严重危害职工健康问题的调查处理，必须有工会参加。工会应当向有关部门提出处理意见，并有权要求追究直接负责的主管人员和有关责任人员的责任。对工会提出的意见，应当及时研究，给予答复。"

知识学习

1992 年 4 月 3 日，《工会法》由第七届全国人民代表大会第五次会议通过并公布，自公布之日起实施。根据 2001 年 10 月 27 日第九届全国人民代表大会常务委员会第二十四次会议《关于修改〈中华人民共和国工会法〉的决定》第一次修正；根据 2009 年 8 月 27 日第十一届全国人民代表大会常务委员会第十次会议《关于修改部分法律的决定》第二次修正；根据 2021 年 12 月 24 日第十三届全国人民代表大会常务委员会第三十二次会议《关于修改〈中华人民共和国工会法〉的决定》第三次修正。

28.《中华人民共和国矿山安全法》在安全生产责任方面有哪些规定？

《中华人民共和国矿山安全法》（以下简称《矿山安全法》）第四十二条规定："矿山建设工程安全设施的设计未经允准擅自施工的，由管理矿山企业的主管部门责令停止施工；拒不执行的，由管理矿山企业的主管部门提请县级以上人民政府决定由有关主管部门吊销其采矿许可证和营业执照。"

第四十三条规定："矿山建设工程的安全设施未经验收或者验收不合格擅自投入生产的，由劳动行政主管部门会同管理矿山企业的主管部门责令停止生产，并由劳动行政主管部门处以罚款；拒不停止生产的，由劳动行政主管部门提请县级以上人民政府决定由有关主管部门吊销其采矿许可证和营业执照。"

知识学习

1992 年 11 月 7 日，《矿山安全法》由第七届全国人民代表大会常务委员会第二十八次会议通过，自 1993 年 5 月 1 日起施行。根据 2009 年 8 月 27 日第十一届全国人民代表大会常务委员会第十次会议《关于修改部分法律的决定》修正。

《矿山安全法》是为了保障矿山生产安全，防止矿山事故，保护矿山职工人身安全，促进采矿业的发展，而制定的法律。运用法律形式，确立矿山安全的基本原则，调整矿山安全的法律关系，起到矿山安全母法的作用。

29.《危险化学品安全管理条例》在安全生产责任方面有哪些规定?

《危险化学品安全管理条例》第七十五条规定:“生产、经营、使用国家禁止生产、经营、使用的危险化学品的,由安全生产监督管理部门责令停止生产、经营、使用活动,处20万元以上50万元以下的罚款,有违法所得的,没收违法所得;构成犯罪的,依法追究刑事责任。”

第七十七条规定:“未依法取得危险化学品安全生产许可证从事危险化学品生产,或者未依法取得工业产品生产许可证从事危险化学品及其包装物、容器生产的,分别依照《安全生产许可证条例》、《中华人民共和国工业产品生产许可证管理条例》的规定处罚。”

第九十四条规定:“危险化学品单位发生危险化学品事故,其主要负责人不立即组织救援或者不立即向有关部门报告的,依照《生产安全事故报告和调查处理条例》的规定处罚。危险化学品单位发生危险化学品事故,造成他人人身伤害或者财产损失的,依法承担赔偿责任。”

第九十五条规定:“发生危险化学品事故,有关地方人民政府及其有关部门不立即组织实施救援,或者不采取必要的应急处置措施减少事故损失,防止事故蔓延、扩大的,对直接负责的主管人员和其他直接责任人员依法给予处分;构成犯罪的,依法追究刑事责任。”

第九十六条规定:“负有危险化学品安全监督管理职责的部门的工作人员,在危险化学品安全监督管理工作中滥用职权、玩忽职守、徇私舞弊,构成犯罪的,依法追究刑事责任;尚不构成犯罪的,依法给予处分。”

知识学习

2002年1月9日，《危险化学品安全管理条例》由国务院第52次常务会议通过，2002年1月26日由中华人民共和国国务院令第344号公布，自2002年3月15日起施行。2011年2月16日，国务院第144次常务会议第一次修订。根据2013年12月7日《国务院关于修改部分行政法规的决定》第二次修订。

《危险化学品安全管理条例》详细规定了危险化学品的安全管理，相关法律责任规定较全面，对预防和减少危险化学品事故，保障人民群众生命财产安全具有重要意义。

30.《工伤保险条例》在安全生产责任方面有哪些规定?

《工伤保险条例》第五十六条规定："单位或者个人违反本条例第十二条规定挪用工伤保险基金，构成犯罪的，依法追究刑事责任；尚不构成犯罪的，依法给予处分或者纪律处分。被挪用的基金由社会保险行政部门追回，并入工伤保险基金；没收的违法所得依法上缴国库。"

第六十条规定："用人单位、工伤职工或者其近亲属骗取工伤保险待遇，医疗机构、辅助器具配置机构骗取工伤保险基金支出的，由社会保险行政部门责令退还，处骗取金额2倍以上5倍以下的罚款；情节严重，构成犯罪的，依法追究刑事责任。"

第六十二条规定："用人单位依照本条例规定应当参加工伤保险而未参加的，由社会保险行政部门责令限期参加，补缴应当缴纳的工伤保险费，并自欠缴之日起，按日加收万分之五的滞纳金；逾期仍不缴纳的，处欠缴数额1倍以上3倍以下的罚款。依照本条例规定应当参加工伤保险而未参加工伤保险的用人单位职工发生工伤的，由该用人单位按照本条例规定的工伤保险待遇项目和标准支付费用。用人单位参加工伤保险并补缴应当缴纳的工伤保险费、滞纳金后，由工伤保险基金和用人单位依照本条例的规定支付新发生的费用。”

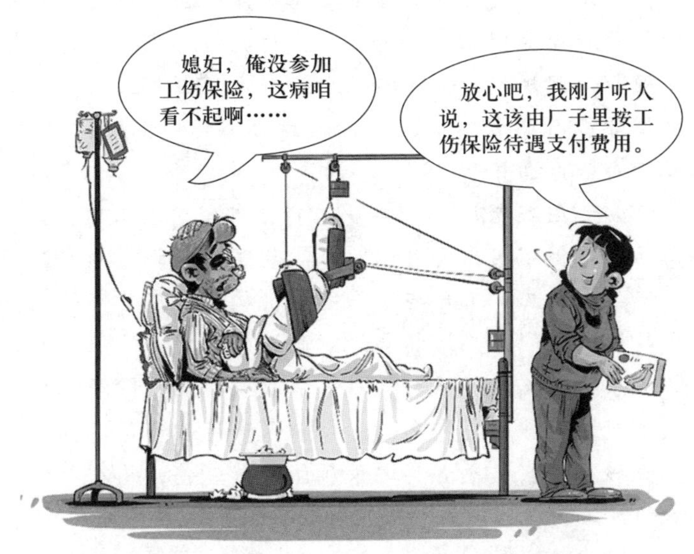

第六十三条规定：“用人单位违反本条例第十九条的规定，拒不协助社会保险行政部门对事故进行调查核实的，由社会保险行政部门责令改正，处2 000元以上2万元以下的罚款。”

法律提示

本题中提及的《工伤保险条例》的第十二条和第十九条规定如下：

第十二条规定："工伤保险基金存入社会保障基金财政专户，用于本条例规定的工伤保险待遇，劳动能力鉴定，工伤预防的宣传、培训等费用，以及法律、法规规定的用于工伤保险的其他费用的支付。工伤预防费用的提取比例、使用和管理的具体办法，由国务院社会保险行政部门会同国务院财政、卫生行政、安全生产监督管理等部门规定。任何单位或者个人不得将工伤保险基金用于投资运营、兴建或者改建办公场所、发放奖金，或者挪作其他用途。"

第十九条规定："社会保险行政部门受理工伤认定申请后，根据审核需要可以对事故伤害进行调查核实，用人单位、职工、工会组织、医疗机构以及有关部门应当予以协助。职业病诊断和诊断争议的鉴定，依照职业病防治法的有关规定执行。对依法取得职业病诊断证明书或者职业病诊断鉴定书的，社会保险行政部门不再进行调查核实。职工或者其近亲属认为是工伤，用人单位不认为是工伤的，由用人单位承担举证责任。"

31.《中华人民共和国突发事件应对法》在安全生产责任方面有哪些规定？

《中华人民共和国突发事件应对法》（以下简称《突发事件应对法》）第二十二条规定："所有单位应当建立健全安全管理制度，定期检查本单位各项安全防范措施的落实情况，及时消除事故隐患；掌握并及时处理本单位存在的可能引发社会安全事件的问题，防止矛盾激化和事态扩大；对本单位可能发生的突发事件和采取安全防范措施的情况，应当按照规定及时向所在地人民政府或者人民政府有关部门报告。”

第二十三条规定：“矿山、建筑施工单位和易燃易爆物品、危险化学品、放射性物品等危险物品的生产、经营、储运、使用单位，应当制定具体应急预案，并对生产经营场所、有危险物品的建筑物、构筑物及周边环境开展隐患排查，及时采取措施消除隐患，防止发生突发事件。”

32.《建设工程生产安全管理条例》在安全生产责任方面有哪些规定?

《建设工程生产安全管理条例》在安全生产责任方面主要对建设单位和施工单位进行了规定。

（1）建设单位的安全责任

1）应当向施工单位提供施工现场及毗邻区域内地下管线资料、气象和水文观测资料等，并保证资料的真实、准确、完整。不得对施工单位提出不符合建设工程安全生产法律、法规和强制性标准规定的要求，不得压缩合同约定的工期。

2）在编制工程概算时，应确定建设工程安全作业环境及安全施工措施所需费用。不得明示或者暗示施工单位购买、租赁、使用不符合安全施工要求的安全防护用具、机械设备、施工机具及配件、消防设施和器材。

3）在申请领取施工许可证时，应当提供建设工程安全施工措施的资料，并将保证安全施工的措施报送相关部门备案；应当将拆除工程发包给具有相应资质等级的施工单位，并报送相关资料给有关部门备案。

（2）施工单位的安全责任

1）应当具备国家规定的注册资本、专业技术人员、技术装备和安全生产等条件，依法取得相应等级的资质证书，并在资质等级许可的范围内承揽工程。

2）主要负责人依法对本单位的安全生产工作全面负责。应当建立健全安全生产责任制度和安全生产教育培训制度，制定安全生产规章制度和操作规程。

3）对列入建设工程概算的安全作业环境及安全施工措施所需费用，应当用于施工安全防护用具及设施的采购和更新、安全施工措施的落实、安全生产条件的改善，不得挪作他用。

4）应当设立安全生产管理机构，配备专职安全生产管理人员，负责对安全生产进行现场监督检查，发现安全事故隐患，应当及时向项目负责人和安全生产管理机构报告；对违章指挥、违章作业的，应当立即制止。

5）对特种作业人员必须按照国家有关规定进行专门的安全作业培训，并取得特种作业操作资格证书后方可上岗作业。

6）应当在施工组织设计中编制安全技术措施和专项施工方案，并进行现场监督；建设工程施工前，应当对相关安全施工的技术要求向施工作业班组、作业人员作出详细说明。

7）应当在施工现场建立消防安全责任制度，确定消防安全责任人，制定各项消防安全管理制度和操作规程，配备消防设施和灭火器材，并在施工现场入口处设置明显的标志。

8）应当向作业人员提供安全防护用具和安全防护服装，并书面告知危险岗位的操作规程和违章操作的危害，作业人员有权对施工现场中存在的安全问题提出批评、检举和控告，有权拒绝违章指挥和强令冒险作业。

9）应当提供安全生产教育培训，确保作业人员遵守安全施工的强制性标准、规章制度和操作规程。

10）采购、租赁的安全防护用具、机械设备等应当具有相应的生产（制造）许可证、产品合格证，并在进入施工现场前进行查验；必须由专人管理，定期进行检查、维修和保养，建立相应的资料档案。

11）应当组织有关单位施工起重机械等特种设备进行验收，并在验收后 30 日内向相关行政主管部门登记。

12）主要负责人、项目负责人、专职安全生产管理人员应当经建设行政主管部门或其他有关部门考核合格后方可任职，对管理人员和作业人员每年至少进行一次安全生产教育培训，并办理意外伤害保险。

33.《中华人民共和国消防法》在安全生产责任方面有哪些规定?

所有组织、单位都具有基本的消防安全职责，都应按规定为本组织、单位的消防工作投入相应的人力和资源。《中华人民共和国消防法》（以下简称《消防法》）以及其他相关规定对各个组织、单位和消防安全重点单位的消防安全职责作出了规定，具体如下。

（1）消防安全单位职责

机关、团体、企业、事业等其他有火灾危险性的单位应当落实消防安全主体责任，履行下列职责。

1）落实消防安全责任制，制定本单位的消防安全制度、消防安全操作规程、灭火和应急疏散预案。定期组织开展灭火和应急疏散演练，进行消防工作检查考核，保证各项规章制度的落实。

2）保证防火检查巡查、消防设施器材维护保养、建筑消防设施检测、火灾隐患整改、专职或志愿消防队和微型消防站建设等消防工作所需资金的投入。生产经营单位安全费用应当保证适当比例用于消防工作。

3）按照国家标准、行业标准配备消防设施、器材，设置消防安全标志，并定期组织检验、维修，对建筑消防设施每年至少进行一次全面检测，确保完好有效。设有消防控制室的，实行 24 小时值班制度，每班不少于 2 人，并持证上岗。

4）保障疏散通道、安全出口、消防车通道畅通，保证防火防烟分区、防火间距符合消防技术标准。人员密集场所的门窗不得设置影响逃生和灭火救援的障碍物。保证建筑构件、建筑材料和室内装修装饰材料等符合消防技术标准。

5）定期开展防火检查、巡查，及时消除火灾隐患。

6）根据需要建立专职或志愿消防队、微型消防站，加强队伍建设，定期组织训练演练，加强消防装备配备和灭火药剂储备，建立与公安消防队联勤联动机制，提高扑救初起火灾能力。

7）消防法律、法规、规章以及政策性文件规定的其他职责。

（2）消防安全重点单位职责

县级以上地方人民政府消防救援机构应当将发生火灾可能

性较大以及发生火灾可能造成重大的人身伤亡或者财产损失的单位，确定为本行政区域内的消防安全重点单位，并由应急管理部门报本级人民政府备案。消防安全重点单位除履行上述职责外，还应当履行下列消防安全职责。

1）明确承担消防安全管理工作的机构和消防安全管理人，并报知当地消防救援部门，组织实施本单位消防安全管理。消防安全管理人应当经过消防培训。

2）建立消防档案，确定消防安全重点部位，设置防火标志，实行严格管理。

3）安装、使用电器产品、燃气用具和敷设电气线路、管线必须符合相关标准和用电、用气安全管理规定，并定期维护保养、检测。

4）组织职工进行岗前消防安全培训，定期组织消防安全培训和疏散演练。

5）根据需要建立微型消防站，积极参与消防安全区域联防联控，提高自防自救能力。

6）积极采取消防远程监控、电气火灾监测、物联网技术等技防物防措施。

（3）消防安全管理人职责

单位可以根据需要确定本单位的消防安全管理人。在消防安全重点单位、举办大型群众性活动、居委会等情况下应当确定对应的消防安全管理人。消防安全管理人对本单位的消防安全责任人负责，实施和组织落实下列消防安全管理工作。

1）拟定年度消防工作计划，组织实施日常消防安全管理工作。

2）组织制定消防安全管理制度和保障消防安全的操作规程，并检查督促其落实。

3）拟定消防安全工作的资金投入和组织保障方案。

4）组织实施防火检查和火灾隐患整改工作。

5）组织实施对本单位消防设施、灭火器材和消防安全标志的维护保养，确保其完好有效，确保疏散通道和安全出口畅通。

6）组织管理专职消防队和义务消防队。

7）在职工中组织开展消防知识、技能的宣传教育和培训，组织灭火和应急疏散预案的实施和演练。

8）单位消防安全责任人委托的其他消防安全管理工作。

法律提示

《消防法》第四十三条规定：“县级以上地方人民政府应当组织有关部门针对本行政区域内的火灾特点制定应急预案，建立应急反应和处置机制，为火灾扑救和应急救援工作提供人员、装备等保障。”

第四十四条规定：“任何人发现火灾都应当立即报警。任何单位、个人都应当无偿为报警提供便利，不得阻拦报警。严禁谎报火警。人员密集场所发生火灾，该场所的现场工作人员应当立即组织、引导在场人员疏散。任何单位发生火灾，必须立即组织力量扑救。邻近单位应当给予支援。消防队接到火警，必须立即赶赴火灾现场，救助遇险人员，排除险情，扑灭火灾。”

第五十三条规定：“消防救援机构应当对机关、团体、企业、事业等单位遵守消防法律、法规的情况依法进行监督检查。公安派出所可以负责日常消防监督检查、开展消防宣传教育，具体办法由国务院公安部门规定。消防救援机构、公安派出所的工作人员进行消防监督检查，应当出示证件。”

第五十四条规定："消防救援机构在消防监督检查中发现火灾隐患的，应当通知有关单位或者个人立即采取措施消除隐患；不及时消除隐患可能严重威胁公共安全的，消防救援机构应当依照规定对危险部位或者场所采取临时查封措施。"

第五十五条规定："消防救援机构在消防监督检查中发现城乡消防安全布局、公共消防设施不符合消防安全要求，或者发现本地区存在影响公共安全的重大火灾隐患的，应当由应急管理部门书面报告本级人民政府。"

四、安全生产监督管理与安全生产责任制

34. 我国安全生产监督管理体制是什么？

目前，我国安全生产监督管理体制是综合监管与行业监管相结合，国家监察与地方监管相结合，政府监督与其他监督相结合的完善体系。

（1）综合监管与行业监管

应急管理部作为国务院主管安全生产综合监督管理的主体行政部门，依法对全国安全生产实施综合监督管理。同时，交通运输部、水利部、住房城乡建设部、工业和信息化部、文化和旅游部、市场监管总局、生态环境部等国务院有关部门分别对交通、铁路、民航、水利、电力、建筑、国防工业、邮政、电信、旅游、特种设备、核安全等行业和领域的安全生产工作实施监督管理，即行业监管或专业管理。

（2）国家监察与地方监管

为了加强对危险性较高、事故多发领域的监督管理工作，国家专门建立了国家监察机制，这些领域包括矿山、水上交通、特种设备等领域。

（3）政府监督与其他监督

政府监督主要有应急管理部门和其他负有安全生产监督管理职责的部门的监督。其他监督主要有安全技术、管理服务机构的监督，社会公众的监督，工会的监督，新闻媒体的监督等。

35. 安全生产监督管理部门的主要职责是什么？

《安全生产法》对安全生产监督管理部门的主要职责进行了相关规定。

第六十三条规定："负有安全生产监督管理职责的部门依照有关法律、法规的规定，对涉及安全生产的事项需要审查批准（包括批准、核准、许可、注册、认证、颁发证照等，下同）或者验收的，必须严格依照有关法律、法规和国家标准或者行业标准规定的安全生产条件和程序进行审查；不符合有关法律、法规和国家标准或者行业标准规定的安全生产条件的，不得批准或者验收通过。对未依法取得批准或者验收合格的单位擅自从事有关活动的，负责行政审批的部门发现或者接到举报后应当立即予以取缔，并依法予以处理。对已经依法取得批准的单位，负责行政审批的部门发现其不再具备安全生产条件的，应当撤销原批准。"

第六十五条规定："应急管理部门和其他负有安全生产监督管理职责的部门依法开展安全生产行政执法工作，对生产经营单位执行有关安全生产的法律、法规和国家标准或者行业标准的情况进行监督检查，行使以下职权：（一）进入生产经营单位进行检查，调阅有关资料，向有关单位和人员了解情况；（二）对检查中发现的安全生产违法行为，当场予以纠正或者要求限期改正；对依法应当给予行政处罚的行为，依照本法和其他有关法律、行政法规的规定作出行政处罚决定；（三）对检查中发现的事故隐患，应当责令立即排除；重大事故隐患排除前或者排除过程中无法保证安全的，应当责令从危险区域内撤出作业人员，责令暂时停产停业或者停止使用相关设施、设备；重大事故隐患排除后，经审查同意，方可恢复生产经营和使用；（四）对有根据认为不符合保障安全生产的国家标准或者行业标准的设施、设备、器材以及违法生产、储存、使用、经营、运输的危险物品予以查封或者扣押，对违法生产、储存、使用、经营危险物品的作业场所予以查封，并依法作出处理决定。监督检查不得影响被检查单位的正常生产经营活动。"

第六十七条规定：“安全生产监督检查人员应当忠于职守，坚持原则，秉公执法。安全生产监督检查人员执行监督检查任务时，必须出示有效的行政执法证件；对涉及被检查单位的技术秘密和业务秘密，应当为其保密。”

第六十八条规定：“安全生产监督检查人员应当将检查的时间、地点、内容、发现的问题及其处理情况，作出书面记录，并由检查人员和被检查单位的负责人签字；被检查单位的负责人拒绝签字的，检查人员应当将情况记录在案，并向负有安全生产监督管理职责的部门报告。”

第六十九条规定：“负有安全生产监督管理职责的部门在监督检查中，应当互相配合，实行联合检查；确需分别进行检查的，应当互通情况，发现存在的安全问题应当由其他有关部门进行处理的，应当及时移送其他有关部门并形成记录备查，接受移送的部门应当及时进行处理。”

第七十条规定：“负有安全生产监督管理职责的部门依法对存在重大事故隐患的生产经营单位作出停产停业、停止施工、停止使用相关设施或者设备的决定，生产经营单位应当依法执行，及时消除事故隐患。生产经营单位拒不执行，有发生生产安全事故的现实危险的，在保证安全的前提下，经本部门主要负责人批准，负有安全生产监督管理职责的部门可以采取通知有关单位停止供电、停止供应民用爆炸物品等措施，强制生产经营单位履行决定。通知应当采用书面形式，有关单位应当予以配合。负有安全生产监督管理职责的部门依照前款规定采取停止供电措施，除有危及生产安全的紧急情形外，应当提前二十四小时通知生产经营单位。生产经营单位依法履行行政决定、采取相应措施消除事故隐患的，负有安全生产监督管理职责的部门应当及时解除前款规定的措施。”

第七十三条规定：“负有安全生产监督管理职责的部门应当建立举报制制度，公开举报电话、信箱或者电子邮件地址等网络举报平台，受理有关安全生产的举报；受理的举报事项经调查核实后，应当形成书面材料；需要落实整改措施的，报经有关负责人签字并督促落实。对不属于本部门职责，需要由其他有关部门进行调查处理的，转交其他有关部门处理。涉及人员死亡的举报事项，应当由县级以上人民政府组织核查处理。”

第七十八条规定：“负有安全生产监督管理职责的部门应当建立安全生产违法行为信息库，如实记录生产经营单位及其有关从业人员的安全生产违法行为信息；对违法行为情节严重的生产经营单位及其有关从业人员，应当及时向社会公告，并通报行业主管部门、投资主管部门、自然资源主管部门、生态环境主管部门、证券监督管理机构以及有关金融机构。有关部门和机构应当对存在失信行为的生产经营单位及其有关从业人员采取加大执法检查频次、暂停项目审批、上调有关保险费率、行业或者职业禁入等联合惩戒措施，并向社会公示。负有安全生产监督管理职责的部门应当加强对生产经营单位行政处罚信息的及时归集、共享、应用和公开，对生产经营单位作出处罚决定后七个工作日内在监督管理部门公示系统予以公开曝光，强化对违法失信生产经营单位及其有关从业人员的社会监督，提高全社会安全生产诚信水平。”

36. 安全生产监督管理的方式有哪些？

现代社会的生产经营活动日益频繁，生产安全事故一旦发生，将给企业和社会带来巨大的损失和深远的影响。为了确保生产经营活动的安全稳定进行，监督管理工作显得尤为重要。在安全生产管理中，事前的监督管理、事中的监督管理以及事后的监督管理构成了一套完整的安全管理体系，涵盖了从事前预防到事中应对再到事后处理的全过程。

（1）事前的监督管理

在安全生产管理中，事前的监督管理是确保施工单位和其他生产经营单位落实安全生产责任的重要环节。事前的监督管理涵盖了各类安全生产许可事项的审批工作，如安全生产许可证、经营许可证、矿长资格证、生产经营单位主要负责人安全资格证、安全管理人员安全资格证、特种作业人员操作资格证等的核心工作。通过事前的监督管理，可以从源头上确保施工单位和其他生产经营单位的合法合规操作，并有效防范和减少生产安全事故的发生。通过审批和核准程序，可以有效筛选出具备安全生产条件和资质的单位和人员，为保障生产经营活动的安全提供有力保障。

（2）事中的监督管理

在安全生产管理中，事中的监督管理是保障生产过程中安全生产要求得到严格执行的重要环节。事中的监督管理分为监察和技术监察两个方面，旨在及时发现并纠正生产过程中存在的安全隐患和问题，确保生产活动安全稳定进行。事中的监督管理在生产过程中扮演着重要角色，通过及时监察和技术监察，能够及早发现和解决生产过程中存在的安全问题，确保工作场所的安全性和稳定性，从而降低生产安全事故的发生概率，保障职工和社会公众的生命财产安全。

（3）事后的监督管理

事后的监督管理是对生产安全事故发生后的应急救援、调查处理以及防范措施的制定与实施。在生产安全事故发生后，通过事后的监督管理能够全面了解事故情况，查明事故原因，并严肃处理有关责任人员，提出有效的防范措施。在事后的监督管理中，应严格按照“四不放过”的原则，处理发生的生产安全事故，以避免类似事故再次发生。通过事后的监督管理，能够全面总结和处理生产安全事故，发现问题，强化安全管理，有效预防和遏制潜在的安全隐患，为当前和未来的生产安全管理工作提供宝贵的经验和教训，提高生产经营单位的安全管理水平。

知识学习

安全监察是为了督促用人单位按照安全生产法律、法规和有关规定从事生产经营活动。安全生产监察程序即监督检查活动的步骤和顺序，一般包括监察准备，调查用人单位执行安全生产法律、法规及标准的情况，调查作业现场，提出意见或建议，发出安全生产监察指令书或安全生产处罚决定书。

37. 法律、法规确定有哪些安全生产监督管理内容？

我国法律、法规确定了安全生产监督管理的内容，主要包括以下几个方面：

1）安全生产管理和技术的监督管理；

2）安全生产教育培训的监督管理；

3）隐患治理的监督管理；

4）伤亡事故和事故应急救援的监督管理；

5）职业危害的监督管理；

6）对女职工和未成年工特殊保护的监督管理；

7）行政许可的监督管理。

相关链接

安全生产管理和技术的监督管理应涵盖以下主要内容：是否建立健全安全生产管理制度，是否有效执行特种作业人员安全生产管理、特种设备安全管理、危险化学品安全管理，是否实施重大危险源监控等关键措施；建设单位是否做到“三同时”，特别是矿山和涉及危险化学品的建设项目，是否进行安全条件论证和安全评价，特种设备的制造生产、使用、检测、检验是否符合有关法律、法规和标准的规定要求，劳动防护用品是否按照有关法律、法规和标准的规定要求，为从业人员配备合格的劳动防护用品，并教育、督促其正确佩戴、使用，生产工艺、工作场所和机械设备、建筑设施、易燃易爆危险场所等是否符合安全生产法律、法规和标准的要求。

行政许可方面的监督管理应包括：对涉及有关安全生产的事项需要审查批准的，是否严格依照规定的安全生产条件和程序进行审查并加强监督检查。

38. 安全生产监督检查人员的主要职责是什么?

安全生产监督检查人员是指应急管理部门和对有关行业、领域的安全生产工作实施监督管理的部门的监督检查人员。安全生产监督检查人员必须依法履行监督检查职责。安全生产监督检查职责是指《安全生产法》第六十五条规定的职权，包括现场调查取证权、现场处理权、采取查封或扣押行政强制措施权等。赋予安全生产监督检查人员与其职责相适应的监督检查权利，是保证其依法履行职责的基础。

安全生产监督检查人员的职责主要有以下几个方面:

1）进入生产经营单位进行检查，调阅有关资料，向有关单位和人员了解情况；

2）对检查中发现的安全生产违法行为，当场予以纠正或者要求限期改正；对依法应当给予行政处罚的行为，依照《安全生产法》和其他有关法律、行政法规的规定作出行政处罚决定；

3）对检查中发现的事故隐患，应当责令立即排除；重大事故隐患排除前或者排除过程中无法保证安全的，应当责令从危险区域内撤出作业人员，责令暂时停产停业或者停止使用相关设施、设备；重大事故隐患排除后，经审查同意，方可恢复生产经营和使用；

4）对有根据认为不符合保障安全生产的国家标准或者行业标准的设施、设备、器材以及违法生产、储存、使用、经营、运输的危险物品予以查封或者扣押，对违法生产、储存、使用、经营危险物品的作业场所予以查封，并依法作出处理决定。

法律提示

安全生产监督检查人员履行监督检查职责有一定要求。

《安全生产法》第六十七条规定：“安全生产监督检查人员应当忠于职守，坚持原则，秉公执法。安全生产监督检查人员执行监督检查任务时，必须出示有效的行政执法证件；对涉及被检查单位的技术秘密和业务秘密，应当为其保密。”

《安全生产法》第六十八条规定：“安全生产监督检查人员应当将检查的时间、地点、内容、发现的问题及其处理情况，作出书面记录，并由检查人员和被检查单位的负责人签字；被检查单位的负责人拒绝签字的，检查人员应当将情况记录在案，并向负有安全生产监督管理职责的部门报告。”

五、安全生产违法行为及其处罚

39. 生产经营单位的安全生产违法行为有哪些?

生产经营单位的安全生产违法行为是指安全生产法律关系主体违反安全生产法律规定，所从事的非法生产经营活动。安全生产违法行为是危害社会和公民人身安全的行为，是导致生产事故多发和人员伤亡的直接原因。

生产经营单位的安全生产违法行为包含如下内容。

1）生产经营单位的决策机构、主要负责人或者个人经营的投资人不依照《安全生产法》规定保证安全生产所必需的资金投入，致使生产经营单位不具备安全生产条件的。

2）生产经营单位的主要负责人未履行《安全生产法》规定的安全生产管理职责的。

3）生产经营单位未按照规定设立安全生产管理机构或者配备安全生产管理人员、注册安全工程师的。

4）危险物品的生产、经营、储存、装卸单位以及矿山、金属冶炼建筑施工、运输单位的主要负责人和安全生产管理人员未按照规定经考核合格的。

5）生产经营单位未按照规定对从业人员、被派遣劳动者、实习学生进行安全生产教育和培训，或者未按照规定如实告知从业人员有关的安全生产事项的。

6）特种作业人员未按照规定经专门的安全作业培训并取得相应资格，上岗作业的。

7）矿山、金属冶炼建设项目或者用于生产、储存、装卸危险物品的建设项目没有安全设施设计或者安全设施设计未按照规定报经有关部门审查同意的。

8）矿山、金属冶炼建设项目或者用于生产、储存、装卸危险物品的建设项目的施工单位未按照批准的安全设施设计施工的。

9）矿山、金属冶炼建设项目或者用于生产、储存、装卸危险物品的建设项目竣工投入生产或者使用前，安全设施未经验收合格的。

10）生产经营单位未在有较大危险因素的生产经营场所和有关设施、设备上设置明显的安全警示标志的。

11）安全设备的安装、使用、检测、改造和报废不符合国家标准或者行业标准的。

12）未对安全设备进行经常性维护、保养和定期检测的。

13）未为从业人员提供符合国家标准或者行业标准的劳动防护用品的。

14）特种设备以及危险物品的容器、运输工具未经具有专业资质的机构检测、检验合格，取得安全使用证或者安全标志，投入使用的。

15）使用国家明令淘汰、禁止使用的危及生产安全的工艺、设备的。

16）未经依法批准，擅自生产、经营、储存危险物品的。

17）生产经营单位生产、经营、储存、使用危险物品，未建立专门安全管理制度、未采取可靠的安全措施或者不接受有关主管部门依法实施的监督管理的。

18）对重大危险源未登记建档，未进行定期检测、评估、监控，未制定应急预案，或者未告知应急措施的。

19）进行爆破、吊装等危险作业，未安排专门管理人员进行现场安全管理的。

20）生产经营单位将生产经营项目、场所、设备发包或者出租给不具备安全生产条件或者相应资质的单位或者个人的。

21）生产经营单位未与承包单位、承租单位签订专门的安全生产管理协议或者未在承包合同、租赁合同中明确各自的安全生产管理职责，或者未对承包单位、承租单位的安全生产统一协调、管理的。

22）两个以上生产经营单位在同一作业区域内进行可能危及对方安全生产的生产经营活动，未签订安全生产管理协议或者未指定专职安全生产管理人员进行安全检查与协调的。

23）生产、经营、储存、使用危险物品的车间、商店、仓库与员工宿舍在同一座建筑内，或者与员工宿舍的距离不符合安全要求的。

24）生产经营场所和员工宿舍未设有符合紧急疏散需要、标志明显、保持畅通的出口、疏散通道，或者占用、锁闭、封堵生产经营场所或者员工宿舍出口、疏散通道的。

25）生产经营单位与从业人员订立协议，免除或者减轻其对从业人员因生产安全事故伤亡依法应承担的责任的。

26）生产经营单位不具备《安全生产法》和其他有关法律、行政法规和国家标准或者行业标准规定的安全生产条件，经停产停业整顿仍不具备安全生产条件的。

27）生产经营单位发生生产安全事故造成人员伤亡、他人财产损失的。

40. 追究安全生产违法行为的法律责任的形式有哪几种?

法律责任是国家管理社会事务所采用的强制当事人依法办事的法律措施。依照《安全生产法》的规定，各类安全生产法律关系主体必须履行各自的安全生产法律义务，保障安全生产。追究安全生产违法行为法律责任的形式有三种，即行政责任、民事责任和刑事责任。执法机关依照有关法律规定，追究安全生产违法行为人的法律责任，对有关生产经营单位给予法律制裁。

（1）行政责任

行政责任是指责任主体违反安全生产法律规定，由有关人民政府和安全生产监督管理部门、公安机关依法对其实施行政处罚的一种法律责任。《安全生产法》第一百一十五条规定："本法规定的行政处罚，由应急管理部门和其他负有安全生产监督管理职责的部门按照职责分工决定；其中，根据本法第九十五条、第一百一十条、第一百一十四条的规定应当给予民航、铁路、电力行业的生产经营单位及其主要负责人行政处罚的，也可以由主管的负有安全生产监督管理职责的部门进行处罚。予以关闭的行政处罚，由负有安全生产监督管理职责的部门报请县级以上人民政府按照国务院规定的权限决定；给予拘留的行政处罚，由公安机关依照治安管理处罚的规定决定。"行政责任在追究安全生产违法行为法律责任的三种形式中运用最多。

（2）民事责任

民事责任是指责任主体违反安全生产法律规定造成民事损害，由人民法院依照民事法律强制其进行民事赔偿的一种法律责任。民事责任的追究是为了最大限度地维护当事人受到民事损害时享有获得民事赔偿的权利。《安全生产法》是我国众多的安全生产法律、行政法规中，唯一设定民事责任的法律。

（3）刑事责任

刑事责任是指责任主体违反安全生产法律规定构成犯罪，由司法机关依照刑事法律给予刑罚的一种法律责任，是三种法律责任中最严厉的。为了制裁那些严重的安全生产违法犯罪分子，《安全生产法》设定了刑事责任。《刑法》中有关安全生产犯罪的规定主要有重大责任事故罪、重大劳动安全事故罪、大型群众性活动重大事故罪、不报或者谎报事故罪、危险物品肇事罪、提供虚假证明文件罪等。依照《中华人民共和国刑事诉讼法》的规定，追究刑事责任的执法主体是法定的司法机关，即按照各自的职责分工，分别由公安机关、检察机关和人民法院追究刑事责任，由人民法院依法作出最终的司法判决。

相关链接

在现行的有关安全生产的法律、行政法规中，《安全生产法》采用的法律责任形式最全，设定的处罚种类最多，实施处罚的力度（罚款幅度除外）最大。

41. 安全生产违法行为的责任主体包括哪几种？

根据《安全生产法》《生产安全事故报告和调查处理条例》等相关规定，安全生产违法行为的责任主体，是指依照相关法律、法规的规定享有安全生产权利、负有安全生产义务和承担安全生产法律责任的社会组织和公民。

安全生产违法行为的责任主体主要包括以下四种：

1）有关人民政府和负有安全生产监督管理职责的部门及其领导人、负责人；

2）生产经营单位及其负责人、有关主管人员；

3）生产经营单位的从业人员；

4）安全生产中介服务机构和安全生产中介服务人员。

相关链接

从业人员直接从事生产经营活动，他们往往是各种事故隐患和不安全因素的第一知情者和直接受害者，其安全素质高低对安全生产至关重要。所以，在赋予从业人员必要的安全生产权利的同时，设定了他们必须履行的安全生产义务。如果因从业人员违反安全生产义务而导致重大、特大事故，同样必须承担相应的安全生产法律责任。

42. 安全生产违法行为行政处罚的管辖权是如何划分的？

1）安全生产违法行为的行政处罚，由安全生产违法行为发生地的县级以上安全监管监察部门管辖。中央企业及其所属企业、有关人员的安全生产违法行为的行政处罚，由安全生产违法行为发生地的设区的市级以上安全监管监察部门管辖。

2）暂扣、吊销有关许可证和暂停、撤销有关执业资格、岗位证书的行政处罚，由发证机关决定。其中，暂扣有关许可证和暂停有关执业资格、岗位证书的期限一般不得超过6个月；法律、行政法规另有规定的，依照其规定。

3）给予关闭的行政处罚，由县级以上安全监管监察部门报请县级以上人民政府按照国务院规定的权限决定。

4）给予拘留的行政处罚，由县级以上安全监管监察部门建议公安机关依照治安管理处罚法的规定决定。

5）两个以上安全监管监察部门因行政处罚管辖权发生争议的，由其共同的上一级安全监管监察部门指定管辖。

6）对报告或者举报的安全生产违法行为，安全监管监察部门应当受理；发现不属于自己管辖的，应当及时移送有管辖权的部门。受移送的安全监管监察部门对管辖权有异议的，应当报请共同的上一级安全监管监察部门指定管辖。

7）安全生产违法行为涉嫌犯罪的，安全监管监察部门应当将案件移送司法机关，依法追究刑事责任；尚不够刑事处罚但依法应当给予行政处罚的，由安全监管监察部门管辖。

8）上级安全监管监察部门可以直接查处下级安全监管监察部门管辖的案件，也可以将自己管辖的案件交由下级安全监管监察部门管辖。下级安全监管监察部门可以将重大、疑难案件报请上级安全监管监察部门管辖。

9）上级安全监管监察部门有权对下级安全监管监察部门违法或者不适当的行政处罚予以纠正或者撤销。

相关链接

《安全生产违法行为行政处罚办法》于2007年11月30日通过国家安全生产监督管理总局令第15号公布，自2008年1月1日起施行；根据2015年4月2日国家安全生产监督管理总局令第77号修正。

43. 安全生产违法行为的行政处罚有哪些?

安全生产违法行为行政责任是指责任主体违反有关安全生产法律、法规规定，由人民政府和安全生产监督管理部门、公安机关依法对其实施行政处罚的一种法律责任。行政责任在追究安全生产违法行为法律责任的形式中运用最多。

根据《中华人民共和国行政处罚法》第九条规定，行政处罚的种类主要包括：①警告、通报批评；②罚款、没收违法所得、没收非法财物；③暂扣许可证件、降低资质等级、吊销许可证件；④限制开展生产经营活动、责令停产停业、责令关闭、限制从业；⑤行政拘留；⑥法律、行政法规规定的其他行政处罚。

《安全生产法》针对安全生产违法行为设定的行政处罚包括责令改正、责令限期改正、责令停产停业整顿、责令停止建设、停止使用、责令停止违法行为、罚款、没收违法所得、吊销证照、行政拘留、关闭等。

法律提示

《安全生产法》第一百一十五条规定："本法规定的行政处罚，由应急管理部门和其他负有安全生产监督管理职责的部门按照职责分工决定；其中，根据本法第九十五条、第一百一十条、第一百一十四条的规定应当给予民航、铁路、电力行业的生产经营单位及其主要负责人行政处罚的，也可以由主管的负有安全生产监督管理职责的部门进行处罚。予以关闭的行政处罚，由负有安全生产监督管理职责的部门报请县级以上人民政府按照国务院规定的权限决定；给予拘留的行政处罚，由公安机关依照治安管理处罚的规定决定。"

44. 什么是安全生产违法行为的民事责任？

安全生产民事责任是指行为人因违反安全生产相关约定或因其侵权行为，依法需要承担的以赔偿或补偿为主的不利后果。

民事责任的追究是为了最大限度地维护当事人受到民事损害时能够享有获得民事赔偿的权利。安全生产违法行为涉及的民事责任主要包括以下两个方面。

1）违约责任。安全生产违约责任构成要件相对简单。安全生产管理协议或者劳动合同出现纠纷时依据严格责任原则，由原告在证明被告构成违约以后，如果被告不能证明自己对此事违约没有过错，则在法律上应推定被告具有过错，并承担违约责任。

2）侵权责任。安全生产侵权行为的责任构成要件，是以侵权行为的存在为前提的，只有发生了侵权行为，才有必要运用一定的标准进行评价，以判断其是否符合承担责任的条件，从而承担相应责任。

传统民事责任的承担方式主要有停止侵害，排除妨碍，消除危险，返还财产，恢复原状，修理、重作、更换，赔偿损失，支付违约金，消除影响、恢复名誉，赔礼道歉等。人民法院审理民事案件，除适用上述规定外，还可以予以训诫、责任具结悔过、收缴进行非法活动的财物和非法所得，并可以依据法律规定处以罚款、拘留。安全生产民事违约、侵权行为就本质而言是行为侵犯他人生命健康权以及公民、法人或其他组织的财产权，这些权益只是众多民事权益中的一部分，其责任承担方式不必囊括所有的责任形式。

法律提示

《安全生产法》第一百零三条规定："生产经营单位将生产经营项目、场所、设备发包或者出租给不具备安全生产条件或者相应资质的单位或者个人的……，导致发生生产安全事故给他人造成损害的，与承包方、承租方承担连带赔偿责任。"第一百一十六条规定："生产经营单位发生生产安全事故造成人员伤亡、他人财产损失的，应当依法承担赔偿责任。"

45. 什么是安全生产违法行为的刑事责任？

安全生产刑事责任是指行为人违反《刑法》规定，实施了具有严重社会危害性的行为，依法应当受到刑事制裁的法律后果。安全生产刑事责任是安全生产法律责任中最严厉的一种形式，是维护安全生产关系的最后一道防线，对其他法律责任的实现能够起到保障作用。

安全生产刑事责任是以犯罪为前提的，责任的承担强调行为人行为的违法性和社会危害性。安全生产刑事责任在安全生产法律责任体系中的主要功能是预防犯罪，包括针对犯罪分子的“特殊预防”和面向社会大众的“一般预防”，同时也有镇压犯罪、保护社会公共利益的作用。

安全生产立法中多次以违法行为的严重性定义安全生产的犯罪行为，《安全生产法》中多处强调“造成严重后果”“导致生产安全事故发生”“造成重大生产安全事故”“构成犯罪”的追究刑事责任。同时，安全生产刑事责任的追究还需依据《刑法》。

依法处以剥夺犯罪分子人身自由的刑罚，是法律责任中最严厉的，因此，为了制裁那些严重的安全生产违法犯罪分子，《安全生产法》设定了刑事责任。

法律提示

《刑法》中有关安全生产违法行为的罪名，主要是重大责任事故罪、重大劳动安全事故罪、危险物品肇事罪、提供虚假证明文件罪以及国家工作人员职务犯罪等。

六、生产经营单位的安全生产责任制度

46. 从业人员为什么要了解其生产经营单位的安全生产责任？

从业人员既是安全生产的保护对象，同时又是保证安全生产的决定因素。从业人员有必要了解生产经营单位的安全生产责任。

了解生产经营单位的安全生产责任能促进从业人员悉知自身权利与义务。从业人员对该岗位的安全生产负直接责任。根据《安全生产法》相关规定，从业人员在作业过程中，应当严格落实岗位安全责任，遵守本单位的安全生产规章制度和操作规程，服从管理，正确佩戴和使用劳动防护用品；从业人员应当接受安全生产教育和培训，掌握本职工作所需的安全生产知识，提高安全生产技能，增强事故预防和应急处理能力；从业人员发现事故隐患或者其他不安全因素，应当立即向现场安全生产管理人员或者本单位负责人报告；接到报告的人员应当及时予以处理。

了解生产经营单位的安全生产责任能提高从业人员的安全意识与安全技能。通过了解潜在的安全风险以及单位的安全管理体系、安全应对措施、应急预案，从业人员可以更好地理解工作环境中的安全问题，配合生产经营单位构建一个完整的安全管理体系，增强自身对安全的重视，主动采取措施避免潜在危险。

了解生产经营单位的安全生产责任能使从业人员更积极地参与安全管理工作。从业人员作为生产经营单位安全管理的一部分，可以通过提出建议、参与培训、报告安全隐患等方式，为安全生产贡献力量，形成全员参与的企业安全文化。同时，生产经营单位通常会购置和维护安全设备，制定相应的安全规章制度。从业人员了解相关责任和规定，可以更好地理解如何正确合理地使用安全设备，发挥其最大的保护作用，同时也可以避免因不当使用而导致的安全问题。

47. 生产经营单位的安全生产管理责任主要有哪些?

生产经营单位是生产经营活动的主体，是安全生产管理责任的直接承担主体。生产经营单位的安全生产管理责任主要包括制度管理责任、人员管理责任、现场管理责任、事故报告管理责任和法律法规规定的其他安全生产管理责任，具体包括以下内容:

1）组织贯彻落实安全生产的法律、法规、规程和标准，建立和落实生产经营单位内部以法定代表人为核心的安全生产责任制;

2）建立、健全安全生产管理机构，明确分管领导，配备与工作需要相适应的专职、兼职安全生产管理人员；

3）保证安全生产的资金投入，及时排查、整改、消除事故隐患，加强对重大危险源的监控与管理;

4）保证建设工程项目安全设施“三同时”，保证本单位具备国家规定的基本安全生产条件，依法取得安全生产许可证;

5）组织制订和实施安全生产中长期规划和年度计划;

6）组织开展从业人员安全生产教育培训，保证培训时间，保证从业人员具备必要的安全生产知识，熟悉有关安全生产规章制度和操作规程，掌握安全操作技能，保证特种作业人员持证上岗;

7）为从业人员提供并监督、教育从业人员使用符合国家或行业标准的劳动防护用品;

8）为从业人员缴纳工伤保险费;

9）积极采用先进适用的安全生产技术、工艺、设备，不断提高和改善劳动条件，保证安全设施稳定运行，保证特种设备经检测、检验合格，取得安全使用证或安全标志。

相关链接

生产经营单位还应当承担的安全生产管理责任是：建立应急救援组织或指定专职、兼职的应急救援人员，配备必要的应急救援器材、设备并保证正常运转；切实发挥工会在安全生产中的民主管理和民主监督作用。

48. 生产经营单位在设置安全生产管理机构和专职安全管理人员方面的责任有哪些?

生产经营活动的安全进行，除了必要的物质保障和制度保障外，还要从人员上加以保障。对于一些从事危险性较高的行业的生产经营单位或者从业人员较多的生产经营单位，应当有专职人员从事安全生产管理工作，对生产经营单位的安全生产工作进行经常性检查，及时督促处理检查中发现的安全生产问题，及时监督排除生产事故隐患，提出改进安全生产工作的建议。

《安全生产法》第二十四条规定："矿山、金属冶炼、建筑施工、运输单位和危险物品的生产、经营、储存、装卸单位，应当设置安全生产管理机构或者配备专职安全生产管理人员。前款规定以外的其他生产经营单位，从业人员超过一百人的，应当设置安全生产管理机构或者配备专职安全生产管理人员；从业人员在一百人以下的，应当配备专职或者兼职的安全生产管理人员。"

1）应当设置安全生产管理机构或者配备专职安全生产管理人员的单位。矿山、金属冶炼、建筑施工、运输和危险物品生产、经营、储存、装卸是危险性比较高的生产经营活动，从事这些生产经营活动的单位是危险性比较高的单位。因此，国家规定矿山、金属冶炼、建筑施工、运输单位和危险物品的生产、经营、储存、装卸单位，应当设置安全生产管理机构或者配备专职安全生产管理人员。这些单位必须成立专门从事安全生产管理工作的机构或者配备专职人员从事安全生产管理工作。这里的安全生产管理机构是指生产经营单位内部设立的专门负责安全生产管理事务的独立的部门；专职安全生产管理人员是指在生产经营单位中专门负责安全生产管理、不再兼任其他工作的人员。除矿山、金属冶炼、建筑施工、运输单位和危险物品的生产、经营、储存、装卸单位外，其他生产经营单位，从业人员在 100 人以上的，应当设置安全生产管理机构或者配备专职安全生产管理人员。从业人员超过 100 人的生产经营单位是规模比较大的生产经营单位，大多是人员密集的作业场所，如服装加工企业以及人工装配、包装等场所。对于这类生产经营单位，考虑到其人员较多，一旦发生事故，造成的损失可能也较大，安全生产工作尤其重要。因此，必须在单位内成立专门从事安全生产管理工作的机构或者配备专职人员从事安全生产管理工作。

2）应当配备专职或者兼职的安全生产管理人员的单位。除矿山、金属冶炼、建筑施工、运输单位和危险物品的生产、经营、储存、装卸单位外，其他生产经营单位，从业人员在100人以下的，应当配备专职或者兼职的安全生产管理人员。从业人员在100人以下的其他生产经营单位，从事的生产经营活动风险较小，生产经营规模也较小。因此，法律规定不要求其必须设置安全生产管理机构，可以配备专职的安全生产管理人员，也可以配备兼职的安全生产管理人员，具体人员配备与其安全生产工作相适应。需要注意的是，矿山、金属冶炼、建筑施工、运输单位和危险物品的生产、经营、储存、装卸单位以及从业人员超过100人的其他生产经营单位，可以根据本单位的规模大小、安全生产风险等实际情况，自主作出决定。一般来讲，规模较小的生产经营单位，例如，个别危险物品的经营单位，人数较少，可只配备专职的安全生产管理人员；规模较大的生产经营单位则应当设置安全生产管理机构。无论是配备专职的安全生产管理人员还是设置安全生产管理机构，必须以满足本单位安全生产管理工作的实际需要为原则。

49. 生产经营单位在安全生产投入方面的责任有哪些？

生产经营单位为确保符合法律、行政法规以及国家标准或者行业标准所规定的安全生产条件，必须保证本单位的安全生产投入得以有效实施。这需要充足的资金投入，用于安全设施设备建设更新和维护以及安全防护用品配备等。安全生产投入是保障生产经营单位具备安全生产条件的必要物质基础。大量生产安全事故的分析表明，生产经营单位的安全生产投入不足是导致事故发生的重要原因之一。

（1）安全生产费用的投入

安全生产费用的投入依据《关于印发〈企业安全生产费用提取和使用管理办法〉的通知》（财资〔2022〕136号），在煤炭生产、非煤矿山开采、石油天然气开采、建设工程施工、危险品生产与储存、交通运输、烟花爆竹生产、民用爆炸物品生产、冶金、机械制造、武器装备研制生产与试验（含民用航空及核燃料）、电力生产与供应的企业及其他经济组织的安全生产费用的投入各有不同。例如，建设工程施工企业以建筑安装工程造价为计提依据。各建设工程类别安全费用的提取标准分别为：矿山工程为3.5%；铁路工程、房屋建筑工程、城市轨道交通工程为3.0%；水利水电工程、电力工程为2.5%；冶炼工程、机电安装工程、化工石油工程、通信工程为1.5%。

（2）安全生产费用的使用

《企业安全生产费用提取和使用管理办法》第五条指出，企业安全生产费用可由企业用于以下范围的支出：

1）购置购建、更新改造、检测检验、检定校准、运行维护安全防护和紧急避险设施、设备支出（不含按照“建设项目安全设施必须与主体工程同时设计、同时施工、同时投入生产和使用”规定投入的安全设施、设备）；

2）购置、开发、推广应用、更新升级、运行维护安全生产信息系统、软件、网络安全、技术支出；

3）配备、更新、维护、保养安全防护用品和应急救援器材、设备支出；

4）企业应急救援队伍建设（含建设应急救援队伍所需应急救援物资储备、人员培训等方面）、安全生产宣传教育培训、从

业人员发现报告事故隐患的奖励支出；

5）安全生产责任保险、承运人责任险等与安全生产直接相关的法定保险支出；

6）安全生产检查检测、评估评价（不含新建、改建、扩建项目安全评价）、评审、咨询、标准化建设、应急预案制修订、应急演练支出；

7）与安全生产直接相关的其他支出。

这些责任的履行可以有效提升单位的安全生产管理水平，降低事故发生概率，保障从业人员和社会公众的安全。

50. 生产经营单位在安全生产教育和培训方面的责任主要有哪些?

从业人员既是安全生产的保护对象，同时又是保证安全生产的决定因素。具有高安全素质和技能的从业人员，是保证生产经营活动安全进行的前提。安全生产教育和培训计划是具体落实从业人员教育和培训任务，保证教育和培训质量，提高从业人员安全素质和安全操作技能的重要保障。生产经营单位在安全生产教育和培训责任包括以下几个方面。

（1）制订安全生产教育和培训计划

生产经营单位的安全生产教育和培训计划是根据本单位安全生产状况、岗位特点、人员结构组成，有针对性地对单位负责人、职能部门负责人、车间主任、班组长、安全生产管理人员、特种作业人员以及其他从业人员的安全生产教育和培训进行统筹安排，包括经费保障、教育培训内容以及组织实施措施等内容。

（2）提供安全知识和技能培训

生产经营单位应该向从业人员提供必要的安全知识和技能培训，包括事故预防、安全操作规程、应急处置、安全设备使用等内容。这有助于从业人员更好地理解安全规定和流程，并且掌握必要的安全技能。

（3）开展定期的安全培训和演练

生产经营单位需要定期组织安排各类安全培训和演练活动，如火灾逃生演练、急救培训等，以确保从业人员具备应急处理和自救能力。通过模拟实战演练，能够让从业人员更好地掌握应对危险情况的技能和技巧。

（4）提供安全资料和信息

生产经营单位应该提供相关的安全资料、标识和信息，包括安全手册、标识牌、安全宣传资料等，以便从业人员随时查阅，提高安全意识和技能水平。

（5）持续监督和评估

生产经营单位应该定期监督和评估安全生产教育和培训工作的实施情况，及时发现问题并进行改进，保证安全生产教育和培训的有效性和持续性。

51. 生产经营单位安全生产检查的类型及检查项目有哪些?

安全生产检查是指针对生产过程及安全管理中可能存在的隐患、有害与危险因素、缺陷等进行查证，以确定隐患、有害与危险因素、缺陷的存在状态，以及它们转化为事故的条件，以便制定整改措施，消除隐患、有害与危险因素、缺陷，确保生产安全。安全生产检查分为定期安全生产检查、经常性安全生产检查、季节性及假日前后安全生产检查、专业（项）安全生产检查、综合性安全生产检查、职工代表不定期对安全生产的巡查六种类型。

生产经营单位在安全生产检查过程中的检查项目主要包括以下几个方面。

（1）安全生产制度检查

检查生产经营单位是否建立了完善的安全生产制度，包括相关的规章制度、操作规程、应急预案等，以确保安全管理的制度化和规范化。

（2）设施和设备检查

检查生产经营场所的设施和设备是否符合安全要求，包括设备的安全性能、定期维护和检修情况，消除设施和设备的安全隐患，确保设施和设备正常运行。

（3）人员培训和素质检查

检查生产经营单位是否定期组织从业人员进行安全生产教育和培训，提高从业人员的安全意识和应急处置能力。同时，检查生产经营单位是否配备专业的安全生产管理人员。

（4）隐患排查检查

对生产经营单位进行隐患排查，检查是否存在潜在的安全隐患，并要求相关人员对隐患进行整改和改进。

（5）安全生产标准遵守检查

检查生产经营单位是否遵守国家和地方规定的安全生产标准，包括工艺流程、产品质量、工作环境等方面的要求。

（6）安全生产记录检查

检查生产经营单位是否建立了完善的安全生产记录，包括事故隐患排查治理记录、安全培训记录、应急演练记录等。

（7）应急救援设备和预案检查

检查生产经营单位是否配备了必要的应急救援设备和器材，以及是否制定了应急预案、是否定期组织应急演练。

（8）安全生产责任保险检查

检查生产经营单位是否根据法律、法规规定购买了必要的安全生产责任保险，以确保在发生事故时能够承担相应的赔偿责任。

（9）政府监管合规性检查

检查生产经营单位是否配合政府相关部门的安全生产监管工作，是否接受检查和指导，是否及时整改存在的问题。

52. 生产经营单位在劳动防护用品管理的责任有哪些？

依据《安全生产法》《用人单位劳动防护用品管理规范》和其他法律、法规的规定，用人单位应当依法为劳动者提供合格的劳动防护用品，作为保障劳动者安全与健康的辅助性、预防性措施，不得以劳动防护用品替代工程防护设施和其他技术、管理措施。用人单位劳动防护用品管理要求具体如下。

1）用人单位应当健全管理制度，加强劳动防护用品配备、发放、使用等管理工作。

2）用人单位应当安排专项经费用于配备劳动防护用品，不得以货币或者其他物品替代。该项经费计入生产成本，据实列支。

3）用人单位应当为劳动者提供符合国家标准或者行业标准的劳动防护用品。使用进口的劳动防护用品，其防护性能不得低于我国相关标准。鼓励用人单位购买、使用获得安全标志的劳动防护用品。

4）劳动者在作业过程中，应当按照规章制度和劳动防护用品使用规则，正确佩戴和使用劳动防护用品。

5）用人单位使用的劳务派遣工、接纳的实习学生应当纳入本单位人员统一管理，并配备相应的劳动防护用品。对处于作业地点的其他外来人员，必须按照与进行作业的劳动者相同的标准，正确佩戴和使用劳动防护用品。

53. 生产经营单位的安全生产委员会的职责是什么?

根据国家法律法规的要求，为了规范生产经营单位的安全生产工作，保障从业人员和社会的安全，由生产经营单位的主要负责人、安全生产管理人员、工会代表、职工代表等组成的多方参与的组织，称为安全生产委员会。安全生产委员会的成员可能涉及多个部门和层级，以确保全面、协同的安全管理。

（1）生产经营单位安全生产委员会的职责

对于生产经营单位是否成立安全生产委员会法律、法规没有强制性要求，但是安全生产工作涉及生产经营单位生产和管理各个环节，因此生产经营单位有必要成立安全生产委员会，以保证各项安全生产管理制度的建立和执行。生产经营单位安全生产委员会是生产经营单位安全生产的组织领导机构，应由生产经营单位主要负责人和分管安全生产的领导担任领导层，成员包括生产经营单位其他部门的分管领导和有关部门的主要负责人。安全生产委员会可设立办公室或办事机构，一般设立在生产经营单位安全生产管理机构内，负责处理安全生产委员会日常事务。安全生产委员会主要职责是，全面负责生产经营单位安全生产的管理工作，研究制订安全生产技术措施和劳动保护计划，实施安全生产检查和监督，调查处理生产安全事故等工作。

（2）工会组织安全生产职责

《安全生产法》第七条规定，工会依法对安全生产工作进行监督。生产经营单位的工会依法组织本单位人员参加本单位安全生产工作的民主管理和民主监督，维护从业人员在安全生产方面的合法权益。生产经营单位制定或者修改有关安全生产的规章制度，应当听取工会的意见。工会有权对建设工程的安全设施与主体工程同时设计、同时施工、同时投入生产和使用情况进行监督、提出意见；工会对生产经营单位违反安全生产法律法规、侵犯从业人员合法权益的行为，有权要求纠正；工会发现生产经营单位违章指挥、强令冒险作业或者发现事故隐患时，有权提出解决的建议，生产经营单位应当及时研究答复；工会发现危及从业人员生命安全的情况时，有权向生产经营单位建议组织从业人员撤离危险场所，生产经营单位必须立即作出处理；工会有权依法参加事故调查，向有关部门提出处理意见，并要求追究有关人员的责任。

相关链接

生产经营单位安全生产管理机构和安全生产委员会的区别有以下两个方面。

1）包含的范围不同。安全生产管理机构包含安全生产委员会以及安全专职部门、兼职部门、安全生产相关部门及其办事人员。安全生产委员会是生产经营单位内设的安全专职管理部门，属安全生产管理机构的一个具体部门设置。

2）人员构成不同。安全生产管理机构的人员一般由生产经营单位最高负责人、安全第一责任人以及其他各层级的管理人员和非管理人员组成。安全生产委员会为生产经营单位安全生产管理的最高机构，包含生产经营单位最高负责人、高层负责人以及部门负责人。

54. 生产经营单位的安全生产管理机构的主要职责是什么？

安全生产管理机构是设置在生产经营单位的一个部门，其中的工作人员就是安全生产管理人员。生产经营单位都应该建立健全以法人为第一责任人的安全生产保证系统，建立完善的安全生产管理机构。它包括生产经营单位、工程项目部和生产班组三级机构。以下为安全生产管理机构的主要职责。

1）负责制订本单位安全生产管理年度工作计划，并协助决策机构和领导组织实施生产经营中的安全管理工作，同时负责制定本年度安全生产目标责任制并进行考核。

2）参与制订安全生产资金投入计划和安全技术措施计划，并具体实施或监督落实。

3）组织制定或者修订安全生产责任制度、安全（岗位）操作规程，并对执行情况进行监督检查。

4）组织安全生产检查，及时发现并协助解决发现的问题和隐患，紧急情况下有权指令先行停止生产，撤出作业人员，并报告领导研究处理。

5）参加审查新建、改建、扩建、大修工程设计计划，参加项目安全评价审查、工程验收和试运转工作，并负责审查承包、承租单位的相关资质、证照和资料。

6）负责组织实施安全生产教育培训工作，总结和推广安全生产先进经验。

7）组织有关部门研究职业危害预防工作和职业病防治措施，监督劳动防护用品的采购、发放和使用情况。

8）参加事故调查和处理工作，进行伤亡统计、分析和报告，协助有关部门制定事故预防措施并监督执行。

相关链接

各生产经营单位应根据各自生产经营的特征，制定具有针对性的、不同的安全生产管理机构职责。

七、生产经营单位相关人员的安全生产责任

55. 主要负责人（厂长、总经理）的安全生产责任有哪些？

生产经营单位的主要负责人为单位的核心领导者，不仅对单位的生产经营活动全面负责，同时必须对单位的安全生产工作负责。生产经营单位的主要负责人有责任、有义务在搞好单位生产经营活动的同时，搞好单位的安全生产工作。

（1）建立健全并落实本单位全员安全生产责任制，加强安全生产标准化建设

推进安全生产标准化建设，是加强安全生产工作的一项基础性、长期性、根本性工作，是落实生产经营单位主体责任、建立安全生产长效机制的有效途径。生产经营单位的主要负责人和其他负责人员必须亲自带头自觉执行全员安全生产责任制的规定，经常或定期检查全员安全生产责任制的执行情况，奖优罚劣，提高本单位全体从业人员执行全员安全生产责任制的自觉性，落实巩固生产经营单位的全员安全生产责任制。

（2）组织制定并实施本单位安全生产规章制度和安全操作规程

安全生产规章制度是一个单位规章制度的重要组成部分，是保证生产经营活动安全、顺利进行的重要手段。安全操作规程是指在生产经营活动中，为消除导致人身伤亡或者造成设备、财产破坏以及危害环境的因素而作出的具体技术要求和实施程序的统一规定。安全生产规章制度和安全操作规程与岗位紧密联系，是保证岗位作业安全的重要基础。生产经营单位的主要负责人应当组织制定本单位的安全生产规章制度和安全操作规

程，并保证其有效实施。

（3）组织制订并实施本单位安全生产教育培训计划

安全生产教育培训计划是具体落实从业人员教育培训任务，保证教育培训质量，提高从业人员安全素质和安全操作技能的重要保障。主要负责人有职责义务，组织人事培训、财务劳资、安全管理、业务主管等有关部门认真制订好本单位的安全生产教育培训计划，并保证计划的落实，重点应当抓好新从业人员和调换工种的从业人员的安全生产教育和培训工作。

（4）保证本单位的安全生产投入有效实施

生产经营单位为了具备法律、行政法规以及国家标准或者行业标准规定的安全生产条件，需要资金投入，用于安全设施设备建设、安全防护用品配备等。安全生产投入是保障生产经营单位具备安全生产条件的必要的物质基础。生产经营单位的主要负责人应当保证本单位有安全生产投入，并保证这项投入真正用于本单位的安全生产工作，在经济效益与安全生产方面找到最佳结合点，促进安全地开展生产经营活动。

（5）组织建立并落实安全风险分级管控和隐患排查治理双重预防工作机制

隐患是导致事故的根源，隐患不除、事故难断。安全风险分级管控和隐患排查治理双重预防工作机制，是贯彻落实源头防范的重要预防措施。生产经营单位的主要负责人应当经常对本单位的安全生产工作进行督促、检查，对检查中发现的问题及时解决，并对存在的生产安全事故隐患及时予以排除。

（6）组织制定并实施本单位的生产安全事故应急救援预案

生产安全事故应急救援预案对于防止事故扩大和迅速抢救受害人员，尽可能地减少损失，具有重要意义。它是一个涉及多方面工作的系统工程，需要生产经营单位主要负责人组织制定和实施；一旦发生事故，生产经营单位主要负责人也要亲自指挥、调度。

（7）及时、如实报告生产安全事故

发生生产安全事故，及时向有关部门报告，一方面可以使有关部门及时配合生产经营单位进行抢救，防止事故扩大，减少人员伤亡和财产损失；另一方面也有利于有关部门对事故进行调查处理，分析事故原因，处理有关责任人员，提出防范措施。生产经营单位的主要负责人应当按照《安全生产法》和其他有关法律、行政法规、规章的规定，及时、如实地报告生产安全事故，不得隐瞒不报、谎报或者迟报。

法律提示

《安全生产法》第二十一条规定：“生产经营单位的主要负责人对本单位安全生产工作负有下列职责：（一）建

立健全并落实本单位全员安全生产责任制，加强安全生产标准化建设；（二）组织制定并实施本单位安全生产规章制度和操作规程；（三）组织制订并实施本单位安全生产教育和培训计划；（四）保证本单位安全生产投入的有效实施；（五）组织建立并落实安全风险分级管控和隐患排查治理双重预防工作机制，督促、检查本单位的安全生产工作，及时消除生产安全事故隐患；（六）组织制定并实施本单位的生产安全事故应急救援预案；（七）及时、如实报告生产安全事故。”

56. 安全生产总监的安全生产责任主要有哪些？

安全生产总监是生产经营单位聘请的专职安全生产管理人员，负责生产经营单位安全生产的监督、管理、引导和协调，具有特别紧要的职责和意义。生产经营单位的安全生产总监职责之一就是承担生产经营单位安全生产的主体责任。安全生产总监的安全责任应当包括以下几个方面。

1）领导和组织生产安全事故隐患排查和整改工作。安全生产总监应当适时领导和组织生产安全事故隐患排查和整改工作，发现隐患要适时处理，切实保障生产经营单位安全生产环境的稳定。

2）对生产经营单位内部安全生产特别是重点部位进行安全检查。安全生产总监应制定并实施严格的检查制度，加强对生产过程、机器设备、化学用品、能源以及现场工作岗位等重点部位的安全检查，一旦发现隐患需及时整改。

3）负责制定和完善安全管理制度和安全操作规范。在生产经营单位安全生产日常工作中，安全生产总监应当侧重制定、更新和完善企业安全管理制度和安全操作规范，涉及工艺流程、设备使用、消防安装和灭火设备的维护保养等方面内容。

4）定期组织安全培训，提升从业人员安全意识。为了提高从业人员的安全防范意识，生产经营单位的安全生产总监应当定期组织安全培训，包括安全事故案例分析、安全管理注意事项等相关内容。同时，还可以组织模拟演练、开展安全知识竞赛等活动，提升从业人员的安全意识和应急处理本领。

5）组织安全评估和安全现场应急演练。生产经营单位安全生产总监应当定期组织相关人员进行安全评估，并制定相应的应急预案，以确保生产经营单位发生安全事故时，能够适时有效地进行应对和处理。此外，为了加强从业人员的安全意识和应急处理本领，安全生产总监还应当组织安全现场应急演练等活动。

57. 总工程师（技术负责人）的安全生产责任主要有哪些?

总工程师是生产经营单位中负责技术管理和工程建设的高级职务，在工程质量、进度、成本、安全等方面均承担着重要职责。其中，实现安全生产更是总工程师不可或缺的一项职责。总工程师在实现安全生产时应承担以下责任：

1）在厂长（总经理）的领导下，对生产经营单位的安全技术工作全面负责；

2）组织制定、修订和审定各项安全管理制度和安全操作规程，组织编制安全技术措施计划、方案及安全技术长远规划；

3）协助厂长（总经理）组织安全生产技术研究工作，致力于解决安全生产技术、安全生产管理上的疑难或重大问题，推广和采用先进的安全生产技术和安全防护措施；

4）组织制订审批安全教育计划，参加对干部的安全教育和考核；

5）审批重大工艺处理、检修、施工的安全生产技术方案，同时，在审查引进技术（设备）和开发新产品时，应关注其中的安全技术问题；

6）审批特殊危险动火作业等高风险作业，参加事故的技术分析，为事故调查和处理提供技术支持和建议。

相关链接

为保证生产经营单位的防火安全，生产经营单位应设固定的动火车间（或场地），同时加强对临时动火、特殊动火的部位和场所的管理，坚持动火审批制度，即“三级审批制度”。其中，一级动火审批必须由生产经营单位总工程师（技术负责人）签字确认后执行。

58. 工会负责人的安全生产责任主要有哪些？

工会是职工自愿结合的工人阶级的群众组织，维护职工合法权益是工会的核心职责。安全生产直接关系到职工的生命健康权益，工会应当按照其职责履行对生产经营单位安全生产的监督义务，依法保障职工的合法权益。

（1）工会有对本单位建设项目的安全设施提出意见的权利

维护职工劳动安全是工会的职责。《安全生产法》第六十条第一款规定，工会有权对建设项目的安全设施进行监督，提出意见。职工从事生产劳动，必须有相应的劳动条件和安全设施，以确保职工的生产安全和健康，这是劳动安全工作中的基本内容。《劳动法》第五十三条规定，劳动安全设施必须符合国家规定的标准。安全设施投资应当纳入建设项目概算。

工会既可以在设计阶段、施工阶段对建设项目的安全设施提出意见，也可以在投产前的检查验收阶段提出意见；既可以要求生产经营单位按照国家规定增加或者补建安全设施，也可以要求依法改善劳动条件，还可以建议停止施工、投产，待安全设施配套时再行施工、投产等。生产经营单位应当认真处理工会提出的意见，确有法律依据的，应当按照工会的意见处理。对未按照工会的意见处理的，工会还可以向有关主管部门反映，或者向上一级工会反映，要求解决。对工会提出的意见，生产经营单位或者主管部门要认真研究，处理解决，并应当将研究处理结果通知工会。

（2）工会具有要求纠正违法行为和对安全生产工作提出建议的责任

《安全生产法》第六十条第二款规定，工会有权要求生产经营单位纠正违反安全生产法律、法规，侵犯从业人员合法权益的行为，以及对生产经营单位的安全生产工作有权提出建议。

1）要求纠正违法行为。相对于生产经营单位，职工处于弱势地位，在这种情况下，即使对生产经营单位的违法行为有不满和质疑，仅凭自己的力量，也很难要求生产经营单位纠正。

工会代表和维护职工的合法权益，对生产经营单位违反有关安全生产法律、法规，侵犯职工合法权益的行为有要求纠正的权利。

2）提出解决建议。工会发现生产经营单位违章指挥、强令冒险作业或者发现事故隐患时，有权向生产经营单位提出解决的建议。生产经营单位应当及时研究工会的意见，并将处理结果通知工会。需要说明的是，生产经营管理是生产经营单位管理者的职责，涉及生产的指挥和组织问题应当由生产经营单位决定。

（3）工会负责人应尽的安全生产责任

1）贯彻并执行有关安全卫生的方针、政策，并监督其执行情况，对忽视安全生产和违反劳动保护的现象及时提出批评和建议，督促和配合有关部门及时改进。

2）监督劳动保护费用的使用情况，确保专款专用，对有碍安全生产、危害职工安全健康和违反安全操作规程的行为，有权抵制、纠正和向上级工会反映。

3）做好安全生产宣传教育工作，教育职工自觉遵纪守法，执行安全生产各项规程、规定。支持厂长对安全生产做出贡献的单位和个人进行表彰奖励，对违反安全生产规定的单位和个人给予批评和惩罚。

4）参加制定企业有关安全生产的规章制度。

5）协助行政管理部门做好班组的安全生产工作。

6）关心职工劳动条件的改善，保护职工在生产经营活动中的安全与健康，组织从事职业危害作业人员进行预防性健康检查和疗养。

7）发动和依靠广大职工群众参与安全生产工作。

8）参加安全生产检查和建设项目“三同时”监督工作，参加事故的调查处理工作。

法律提示

《安全生产法》第六十条规定："工会有权对建设项目的安全设施与主体工程同时设计、同时施工、同时投入生产和使用进行监督，提出意见。工会对生产经营单位违反安全生产法律、法规，侵犯从业人员合法权益的行为，有权要求纠正；发现生产经营单位违章指挥、强令冒险作业或者发现事故隐患时，有权提出解决的建议，生产经营单位应当及时研究答复；发现危及从业人员生命安全的情况时，有权向生产经营单位建议组织从业人员撤离危险场所，生产经营单位必须立即作出处理。工会有权依法参加事故调查，向有关部门提出处理意见，并要求追究有关人员的责任。"

59. 生产经营单位安全生产管理机构的安全生产责任主要有哪些？

只有明确安全生产管理机构的职责后，才能更好地督促机构和人员履职尽责，加强生产经营单位的安全生产管理。依据《安全生产法》第二十五条，安全生产管理机构的安全生产责任包括以下几方面内容。

（1）组织或者参与拟订本单位安全生产规章制度、操作规程和生产安全事故应急救援预案

安全生产管理机构作为本单位具体负责安全生产管理事务的部门，是贯彻落实有关安全生产方针、政策、法律、法规、标准以及规章制度等事项的具体执行部门，从某种意义上讲，也是生产经营单位主要负责人在安全生产方面的重要助手。安全生产管理机构对本单位的安全生产状况最了解也最熟悉，因此，

安全生产管理机构有职责和义务，根据主要负责人的安排，负责组织或者参与拟订本单位安全生产规章制度、操作规程和生产安全事故应急救援预案，以确保相关制度、规程和预案符合本单位安全生产的实际，起到应有的作用。

（2）组织或者参与本单位安全生产教育培训，如实记录安全生产教育培训情况

为了使安全生产教育培训计划更有针对性和操作性，并保证计划的有效贯彻实施，安全生产管理机构有职责和义务，根据生产经营单位主要负责人的安排，负责组织制定本单位的安全生产教育培训计划，或者积极配合人事培训部门组织制订本单位的安全生产教育培训计划，以保证安全生产教育培训计划符合本单位安全生产的实际，起到应有的作用。同时，安全生产管理机构还应当详细记录本单位安全生产教育培训情况，及时掌握安全生产教育培训计划的实施进展动向，及时向本单位主要负责人报告。

（3）组织开展危险源辨识和评估，督促落实本单位重大危险源的安全管理措施

危险源辨识和评估，是构建安全风险分级管控和隐患排查治理双重预防机制，严防风险演变隐患升级、导致发生生产安全事故的重要举措。加大事故预防的有效性，一定要强调源头防范，只有从源头上进行危险源辨识并进行科学评估，按照不同安全风险等级进行分级管控，有针对性地强化预防措施，才能做到防患于未然，牢牢把握安全生产工作的主动权。生产经营单位的安全生产管理机构负有“组织开展危险源辨识和评估”的职责，安全生产管理机构应当充分利用自身专业知识和技能，做好本单位生产经营活动中危险源的发现、辨别和评估工作。

（4）组织或者参与本单位应急救援演练

开展应急救援演练是提高应急能力，检验生产安全事故应

急救援预案有效性的重要途径。安全生产管理机构应当根据本单位的安排，积极组织本单位的应急演练，制定详细的工作方案，精心组织实施，确保应急演练取得效果。对于有关主管部门组织的区域应急演练，其中要求本单位参加的应急演练活动，或者应急救援机构组织的应急演练，安全生产管理机构都应当积极参与和配合，做好应急演练的相关工作。

（5）检查本单位的安全生产状况，及时排查生产安全事故隐患，提出改进安全生产管理的建议

隐患是事故的根源，隐患不除、事故不断。安全生产管理机构的根本职责，就是及时排查生产安全事故隐患。安全生产管理机构应当根据本单位生产经营特点、风险分布、危害因素的种类和危害程度等情况，制定检查工作计划，明确检查对象、任务和频次。安全生产管理机构应当有计划、有步骤地巡查、检查本单位每个作业场所、设备和设施，不留死角。对于安全风险大、容易发生生产安全事故的地点和部位，应当加大检查频次。

（6）制止和纠正违章指挥、强令冒险作业、违反操作规程的行为

安全生产管理机构对检查中发现的违章指挥强令冒险作业、违反操作规程的行为，应当立即制止和纠正。该项法定义务，必须严格执行。为促进从业人员遵章守纪，安全生产管理机构还应当将从业人员的违规记录纳入安全生产奖惩内容，对违规者严肃处理；对于经常违规的从业人员，重新安排进行安全生产教育和培训；必要时，建议将本单位主要负责人及相关负责人、有关职能部门、人事部门调离其原工作岗位；情节严重的，建议本单位予以开除。通过严格执行安全生产有关规定，从根本上扭转违章指挥、强令冒险作业、违反操作规程造成的安全生产隐患。

（7）督促落实本单位安全生产整改措施

仅由安全生产管理机构落实安全生产整改措施，是很难落实的。按照“管生产经营必须管安全”的原则，落实安全生产整改措施应当由相关业务主管部门负责。实践中，业务主管部门了解实际情况，有能力做好此项工作，他们掌握相应资源，包括具有专业人员、丰富的实践经验等。因此，为了保证安全生产整改措施及时得到落实，安全生产管理机构应当加强对有关业务主管部门的监督；对不按照规定落实安全生产整改措施的，应当及时向本单位主要负责人报告。

（8）专职安全生产分管负责人的设置

有些生产经营单位规模较大、专业性较强，为便于主要负责人更好地履行安全生产管理职责，需要具备安全生产专业知识的人员协助。各地积极探索生产经营单位设置专职安全生产分管负责人的经验，如安全总监等岗位，协助本单位主要负责人履行安全生产管理职责。

法律提示

《安全生产法》第二十五条规定："生产经营单位的安全生产管理机构以及安全生产管理人员履行下列职责：（一）组织或者参与拟订本单位安全生产规章制度、操作规程和生产安全事故应急救援预案；（二）组织或者参与本单位安全生产教育和培训，如实记录安全生产教育和培训情况；（三）组织开展危险源辨识和评估，督促落实本单位重大危险源的安全管理措施；（四）组织或者参与本单位应急救援演练；（五）检查本单位的安全生产状况，及时排查生产安全事故隐患，提出改进安全生产管理的建议；（六）制止和纠正违章指挥、强令冒险作业、违反操作规程的行为；（七）督促落实本单位安全生产整改措施。生产经营单位可以设置专职安全生产分管负责人，协助本单位主要负责人履行安全生产管理职责。"

60. 生产经营单位安全生产分管负责人的安全生产责任主要有哪些？

分管安全生产的负责人作为生产经营单位安全生产工作人员的重要组成部分，工作职责是保障生产经营单位的安全生产，维护生产经营单位和从业人员的安全。安全生产分管负责人需要制定和完善企业的安全生产制度和管理体系，组织和开展安全生产教育培训，定期开展安全生产检查和评估，负责安全事故的调查和处理，保障企业和职工的安全。安全生产分管负责人的安全生产责任包含以下内容。

1）协助主要负责人履行安全生产管理职责，对安全生产工作负有组织实施、综合管理和日常监督的责任。

2）协助主要负责人建立健全本单位全员安全生产责任制、安全生产规章制度和安全操作规程，并督促其落实实施。

3）主持日常安全管理工作，组织本单位安全生产管理机构和安全生产管理人员开展工作，监督指导本单位生产安全事故应急预案演练与修订工作。

4）定期向安全生产委员会（领导小组）和主要负责人报告工作，并提出须由安全生产委员会（领导小组）研究、讨论和通过的安全工作议题。

5）组织召开安全生产工作会议，及时总结和部署安全生产工作；定期预判、评估安全生产状况，研究解决安全生产问题。

6）协助主要负责人组织开展安全生产宣传教育培训工作。

7）协助主要负责人建立落实安全生产风险分级管控制度，并负责职责范围内的较大风险的管控工作。

8）协助主要负责人组织制定生产安全事故隐患排查治理制度，每月至少全面检查一次安全生产工作，对查出的事故隐患及时督促整改。

9）组织制定本单位外来施工作业安全管理制度，监督检查本单位对承包、承租单位安全生产资质、条件的审核工作，督促承包、承租单位履行安全生产职责。

10）组织制定本单位动火作业、临时用电作业、受限空间（有限空间）作业、高空作业、盲板抽堵作业、吊装作业、动土作业、断路作业、设备检修等特殊作业管理制度，并监督其落实。

11）协助主要负责人建立健全本单位全员安全生产责任制绩效考核机制，考核监督本单位各部门、各岗位履行全员安全生产责任制情况。

12）发生生产安全事故，按规定时间和程序报告，组织事故救援和善后处置，配合有关部门开展事故调查处理，组织内部的事故调查处理。

13）提名分支机构和工程项目派驻专职安全生产管理人员。

14）对本单位职务晋升人员和表彰奖励候选人履行安全生产职责的情况提出意见建议；对从业人员违反安全生产管理制度和安全操作规程的行为，经批评教育拒不整改的，提出处理意见并监督落实。

15）法律、法规、规章以及本单位规定的其他安全生产职责。

61. 生产经营单位设备部门负责人的安全生产责任主要有哪些？

生产经营单位设备部门负责人应负责设备部门各生产装置设备的管理工作，对设备管理及操作过程中的安全生产工作负主要领导责任。设备部门负责人的安全生产职责具体可分为以下几方面。

1）贯彻执行国家及上级关于设备制造、检修、维护保养及施工方面的安全规程和规定，做好主管业务范围的安全生产工作，负责制定和修改各类设备设施的操作规程和管理制度。

2）负责设备设施、管网及工业建筑物、构筑物的管理工作，及时掌握运行状态，使其符合安全技术要求。

3）负责组织对特种设备、职业危害防护设施、安全装置、计量装置进行定期检查、校验和送检工作，协助办理特种设备的注册登记。

4）在制定或审定有关设备制造、更新、改造方案和编制设备检修计划时，应有相应的安全措施并确保其实施。

5）参与安全大检查和组织本部门安全检查，对检查出的问题要有计划地及时解决，按期完成安全技术措施计划和事故隐患整改项目。

6）在签订设备施工合同时，要对承包施工的单位进行安全资质认定，并订立施工安全协议。

7）负责生产设备事故的管理工作，参与各类事故的调查处理。

相关链接

现代企业生产活动中设备先进复杂，极易产生安全事故隐患，各生产经营单位的特种设备运行更是安全生产工作的重点，因此，设备部门在企业安全生产管理中占有重要地位。

62. 生产经营单位车间主任的安全生产责任主要有哪些?

生产经营单位车间主任的安全生产责任是至关重要的，他们需要确保生产过程中的安全措施得到认真执行，防止事故发生。车间主任需要了解并掌握相关的安全知识和技能，还需要对车间的安全状况进行全面、细致的检查。在发生事故时，车间主任需要迅速采取应急措施，并及时向上级报告，配合相关部门进行调查和处理。车间主任安全生产具体责任包括以下内容。

1）保证国家和上级安全生产法律、法规、制度、指示在本车间贯彻执行，把安全工作列入议事日程。

2）组织制定车间安全生产管理规定、安全操作规程和安全技术措施计划。

3）组织对新入职人员进行车间级安全教育和班组安全教育，对从业人员进行经常性的安全意识、安全知识和安全技术教育，定期组织考核，组织班组安全日活动，及时采纳从业人员提出的正确意见。

4）组织全车间从业人员定期进行安全检查，保证设备、安全装置、消防、防护器材等处于完好状态。

5）组织各项安全生产活动。总结交流安全生产经验，表彰先进班组和个人。

6）严格执行有关劳动防护用品、保健食品、清凉饮料等发放标准。加强防护器材的管理，教育职工妥善保管并正确使用。

7）坚持“四不放过”原则，对本车间发生的事故及时报告和处理，注意保护现场，查清原因，采取防范措施。

8）组建本车间安全生产管理网，配备合格的安全生产管理人员，支持车间安全员工作，充分发挥班组安全员的作用。

相关链接

“四不放过”原则的支持依据是《国务院办公厅关于进一步加强安全生产工作的通知》（国办发明电〔2008〕23号）中的第八条规定，即指事故原因未查清不放过、责任人员未处理不放过、整改措施未落实不放过、有关人员未受到教育不放过。

63．生产经营单位生产车间安全员的安全生产责任主要有哪些？

生产经营单位生产车间安全员在生产经营单位的安全生产工作中扮演着重要的角色，其职责主要是督促整改措施的落实，但隐患整改的具体执行应由生产负责人、责任工长、班组长等生产直接管理岗位人员负责。同时，生产车间安全员在生产计划的制定和实施中应起到监督和建议的作用，而非主导。技术方案（包括安全方案）应由技术负责人编制，安全员应积极参与并提出合理化建议。生产车间安全员的具体责任主要包括以下内容：

1）生产车间安全员在车间主任的直接领导下开展工作，并在业务上接受安全技术部门的领导；

2）深入贯彻和执行有关安全生产的法律法规、制度和标准，参与制定、修订车间安全操作规程和安全生产管理制度，并监督其检查执行情况；

3）协助车间主任编制安全技术措施计划和方案，并督促其实施；

4）制定车间安全活动计划，并组织实施；

5）对班组安全员进行业务指导，协助车间主任搞好从业人员安全生产教育、培训和考核工作；

6）参与车间新建、改建、扩建工程设计和设备改造以及工艺条件变动方案的审查工作；

7）深入现场进行安全检查，严格执行“四不放过”原则，坚决制止违章指挥和违章作业，对不听劝阻者，有权停止其工作并报请领导处理；

8）参与有关安全作业票证的审核，并检查其落实情况；

9）负责车间安全装置、防护器具、消防器材的管理；

10）负责车间伤亡事故的统计上报，并参与事故调查。

相关链接

根据《用人单位劳动防护用品管理规范》的规定，劳动防护用品，是指由用人单位为劳动者配备的，使其在劳动过程中免遭或者减轻事故伤害及职业病危害的个体防护装备。劳动防护用品是保护劳动者安全和健康的辅助性、预防性措施。从一定意义上讲，它是劳动者防止职业毒害和伤害的最后一道防线。《用人单位劳动防护用品管理规范》对劳动防护用品的使用有明确规定，劳动者在作业过程中，应当按照安全生产规章制度和劳动防护用品使用规则，正确佩戴和使用劳动防护用品。

64. 生产经营单位班组长的安全生产责任主要有哪些?

落实安全生产责任关键取决于生产经营单位中班组长对落实安全生产责任的重视程度。因为班组长与生产一线从业人员一起面对生产中的各种安全问题，对从业人员操作和现场安全生产情况最了解，与班组成员的切身利益、安全责任利害关系最为密切，在安全生产中扮演着“兵头将尾”的角色，对安全责任落实起着承上启下的桥梁作用，因此，做好班组安全责任落实工作是班组长义不容辞的一项重要职责。班组长的安全生产责任主要包括以下几个方面。

1）认真组织所管理的区队和班组贯彻落实“安全第一、预防为主、综合治理”方针，坚持生产必须安全、不安全不生产。

2）定期组织从业人员学习，贯彻执行企业和车间有关安全生产的规章制度、安全操作规程和要求。

3）积极组织班组级安全生产教育和培训活动。

4）认真执行交接班制度，做到班前讲安全、班中检查安全、班后总结安全。

5）严格检查各岗位工艺指标及各项规章制度执行情况，做好设备和安全设施的巡回检查及维护保养，并认真做好记录。

6）严格执行劳动纪律，坚决杜绝违章指挥行为，有权制止一切违章作业，监督检查本辖区内的各种作业，维护正常的生产秩序。

7）负责班组防护器具、安全装置和消防器材的日常管理工作。

8）班组长要随时检查本班组执行安全规定情况；在班与班之间交接时，要填写交接日志。

65. 从业人员的安全生产责任主要有哪些?

在生产过程中，从业人员需要严格遵守安全操作规程，认真执行各项安全制度，提高安全意识，增强自我保护能力，从而确保自身的安全和健康。其具体责任如下。

（1）落实岗位安全责任

从业人员在作业过程中，应当根据自身岗位的性质、特点和具体工作内容，强化安全生产意识，提高安全生产技能，严格落实岗位安全责任，切实履行安全职责，做到安全生产工作“层层负责、人人有责、各负其责”。

（2）遵章守制，服从管理

生产经营单位的安全生产规章制度是保证从业人员的安全和健康，保证生产活动顺利进行的有效手段，没有健全和严格执行的安全生产规章制度，生产经营单位的安全生产就没有保障。生产经营单位的从业人员在作业过程中应当遵守本单位的安全生产规章制度和操作规程，服从管理，这样才能保证生产经营单位的活动安全、有序地进行。

（3）正确佩戴和使用劳动防护用品

在生产过程中，劳动防护用品是必不可少的生产性装备，生产经营单位要按照有关规定发放充足，不得任意削减；从业人员要十分珍惜，正确佩戴和认真用好劳动防护用品。

（4）从业人员应当接受安全生产教育和培训

为了确保安全，从业人员应当接受安全生产教育和培训。通过接受培训，从业人员可以了解有关安全生产的规章制度、操作

规程和相关的法律法规，从而在工作中更好地遵守和执行。同时，他们还可以学习如何正确使用劳动防护用品、如何进行紧急救援等关键技能，提高自身的安全意识和应对突发事件的能力。

（5）从业人员应该及时报告事故隐患和不安全因素

从业人员处于安全生产的第一线，最有可能及时发现事故隐患或者其他不安全因素，从业人员发现事故隐患或者其他不安全因素后应当立即报告，因为生产安全事故的特点之一是突发性，如果拖延报告，则使事故发生的可能性加大，发生了事故则更是悔之晚矣。

法律提示

《安全生产法》第五十四条规定：“从业人员有权对本单位安全生产工作中存在的问题提出批评、检举、控告；有权拒绝违章指挥和强令冒险作业。生产经营单位不得因从业人员对本单位安全生产工作提出批评、检举、控告或者拒绝违章指挥、强令冒险作业而降低其工资、福利等待遇或者解除与其订立的劳动合同。”

第五十五条规定：“从业人员发现直接危及人身安全的紧急情况时，有权停止作业或者在采取可能的应急措施后撤离作业场所。生产经营单位不得因从业人员在前款紧急情况下停止作业或者采取紧急撤离措施而降低其工资、福利等待遇或者解除与其订立的劳动合同。”

第五十七条规定：“从业人员在作业过程中，应当严格落实岗位安全责任，遵守本单位的安全生产规章制度和操作规程，服从管理，正确佩戴和使用劳动防护用品。”

第五十八条规定："从业人员应当接受安全生产教育和培训，掌握本职工作所需的安全生产知识，提高安全生产技能，增强事故预防和应急处理能力。"

第五十九条规定："从业人员发现事故隐患或者其他不安全因素，应当立即向现场安全生产管理人员或者本单位负责人报告；接到报告的人员应当及时予以处理。"

八、生产安全事故预防与隐患排查治理责任

66．生产经营单位应该履行哪些生产安全事故预防职责？

生产经营单位应该认真履行生产安全事故预防职责，确保职工生命财产安全，为了达到这个目标，应该采取一系列措施，具体要求包括如下几方面。

1）建立健全全员安全生产责任制，明确各级管理人员和职工在安全生产中的职责和义务。为了确保生产经营单位的安全生产，需要建立一套健全的全员安全生产责任制，明确各级管理人员和从业人员在安全生产工作中的职责和义务，并且在实际工作中认真履行。这样不仅可以提高生产经营单位的安全管理水平，还能够有效地预防和减少安全事故的发生。

2）制定完善的安全生产规章制度，规范生产流程和操作方法。生产经营单位需要不断完善安全生产规章制度，这些规章制度应该包括生产流程、操作方法、安全技术要求、应急预案等方面内容。通过规范生产流程和操作方法，可以有效地避免安全事故的发生，提高生产经营单位的生产效率和质量。

3）定期进行安全检查，及时发现和消除安全隐患。生产经营单位应该定期开展安全检查工作，检查应该包括设备设施、工作环境、从业人员安全等方面内容。通过定期检查，可以及时发现存在的安全隐患，并且采取相应的措施加以解决。

4）加强从业人员安全培训和教育，增强从业人员的安全意识和操作技能。生产经营单位应当组织开展本单位的应急预案、应急知识、自救互救和避险逃生技能的培训活动，使有关人员了解应急预案内容，熟悉应急职责、应急处置程序和措施。应急培训的时间、地点、内容、师资、参加人员和考核结果等情

况应当如实记入本单位的安全生产教育和培训档案。

5）配备合格的安全设施和器材，确保在紧急情况下能够及时使用。为了应对各种紧急情况，生产经营单位需要配备各种合格的安全设施和器材。这些设施和器材经过专业人员检测和认证，能够有效地应对各种紧急情况，如火灾、地震等。同时，还需要组织从业人员进行安全演练，确保从业人员在紧急情况下能够正确使用这些设施和器材，保障自身和他人的安全。

6）事故风险可能影响周边单位、人员的，要及时将事故风险的性质、影响范围和应急防范措施告知周边单位和人员。事故风险可能对周边单位和人员产生重大影响，为了确保周边单位和人员的安全，生产经营单位需要与周边单位和人员建立有效的沟通渠道，提供准确、详细的信息，使得周边单位和人员能够了解情况，采取必要措施，避免不必要的风险和损失。

7）建立应急预案，为可能发生的生产安全事故制定应急处置方案，并定期进行演练。为了确保在生产安全事故发生时能够迅速、有效地应对，建立完善的应急处置预案至关重要。生产经营单位主要负责人负责组织编制和实施本单位的应急处置预案，并对应急处置预案的真实性和实用性负责；各分管负责人应当按照职责分工落实应急处置预案规定的职责。

8）定期进行安全应急演练。生产经营单位应当制定本单位的应急处置预案演练计划，根据本单位的事故风险特点，每年至少组织一次综合应急处置预案演练或者专项应急处置预案演练，每半年至少组织一次现场处置方案演练。

法律提示

《生产安全事故应急预案管理办法》第六条规定："生产经营单位应急预案分为综合应急预案、专项应急预案和现场处置方案。综合应急预案，是指生产经营单位为应对各种生产安全事故而制定的综合性工作方案，是本单位应对生产安全事故的总体工作程序、措施和应急预案体系的总纲。专项应急预案，是指生产经营单位为应对某一种或者多种类型生产安全事故，或者针对重要生产设施、重大危险源、重大活动防止生产安全事故而制定的专项性工作方案。现场处置方案，是指生产经营单位根据不同生产安全事故类型，针对具体场所、装置或者设施所制定的应急处置措施。"

第十三条规定："生产经营单位风险种类多、可能发生多种类型事故的，应当组织编制综合应急预案。综合应急预案应当规定应急组织机构及其职责、应急预案体系、事故风险描述、预警及信息报告、应急响应、保障措施、应急预案管理等内容。"

第十四条规定："对于某一种或者多种类型的事故风险，生产经营单位可以编制相应的专项应急预案，或将专项应急预案并入综合应急预案。专项应急预案应当规定应急指挥机构与职责、处置程序和措施等内容。"

第十五条规定："对于危险性较大的场所、装置或者设施，生产经营单位应当编制现场处置方案。现场处置方案应当规定应急工作职责、应急处置措施和注意事项等内容。事故风险单一、危险性小的生产经营单位，可以只编制现场处置方案。"

67. 生产经营单位应如何履行重大危险源管理职责？

重大危险源，是指工业活动中危险物质或能量超过临界量的设备、设施或场所。换句话说，是指能够造成重大伤害或重大损失的设备、设施或场所。工业活动中重大火灾、爆炸、毒物泄漏事故，尽管其起因和影响不尽相同，但都有一个共同的特征：其根源是存在大量的易燃、易爆、有毒物质或具有引发灾难性事故的能量。

《安全生产法》第四十条规定："生产经营单位对重大危险源应当登记建档，进行定期检测、评估、监控，并制定应急预案，告知从业人员和相关人员在紧急情况下应当采取的应急措施。生产经营单位应当按照国家有关规定将本单位重大危险源及有关安全措施、应急措施报有关地方人民政府应急管理部门和有关部门备案。有关地方人民政府应急管理部门和有关部门应当通过相关信息系统实现信息共享。"

生产经营单位在对重大危险源进行辨识和评价后，应针对每一个重大危险源制定出一套严格的安全管理制度，通过技术措施，包括化学品的选择，设施的设计、建造、运转、维修和有计划的检查等，以及组织措施，包括对人员的培训与指导，提供保证从业人员安全的设备，确定工作人员水平、工作时间和工作职责，管理外部合同工和现场临时工，对重大危险源进行严格控制和管理。

法律提示

《危险化学品安全管理条例》规定：对于危险化学品专用仓库未设专人负责管理，或者对储存的剧毒化学品以及储存数量构成重大危险源的其他危险化学品未实行双人收发、双人保管制度的，由安全生产监督管理部门责令改正，可以处5万元以下的罚款；拒不改正的，处5万元以上10万元以下的罚款；情节严重的，责令停产停业整顿。对于未将危险化学品储存在专用仓库内，或者未将剧毒化学品以及储存数量构成重大危险源的其他危险化学品在专用仓库内单独存放的，由安全生产监督管理部门责令改正，处5万元以上10万元以下的罚款；拒不改正的，责令停产停业整顿直至由原发证机关吊销其相关许可证件，并由工商行政管理部门责令其办理经营范围变更登记或者吊销其营业执照；有关责任人员构成犯罪的，依法追究刑事责任。

68. 生产经营单位生产安全事故隐患排查治理的主要责任有哪些？

生产安全事故隐患是指生产经营单位在生产经营活动中，因违反安全生产法律、法规、规章、标准、规程和安全生产管理制度的规定，或因其他因素产生可能导致事故发生的物的危险状态、人的不安全行为以及管理上的缺陷。事故隐患分为一般事故隐患和重大事故隐患。生产经营单位在生产安全事故隐患排查治理中主要负有以下责任。

生产经营单位需建立和落实安全风险分级管控和隐患排查治理双重预防机制，安全风险分级管控是国内外安全管理的先进经验和成功做法。根据《安全生产法》的修正，建立安全风险分级管控机制，要求生产经营单位定期组织开展风险辨识评估，严格落实分级管控措施，防止风险演变引发事故。隐患排查整治是《安全生产法》已经确立的重要制度，在此基础上进行补充增加，目的是使生产经营单位在监管部门和本单位从业人员的双重监督下，确保隐患排查治理到位。此外，生产经营单位还需建立健全并落实生产安全事故隐患排查治理制度，通

过技术和管理措施，及时发现并消除事故隐患。

事故隐患排查治理工作应坚持人民至上、生命至上的原则，实行全面排查、科学治理、政府监督、社会参与的管理方式。此外，生产经营单位作为事故隐患排查治理的主体，单位的主要负责人是事故隐患排查治理的第一责任人。

法律提示

《生产安全事故隐患排查治理暂行规定》第八条规定："生产经营单位是事故隐患排查、治理和防控的责任主体。生产经营单位应当建立健全事故隐患排查治理和建档监控等制度，逐级建立并落实从主要负责人到每个从业人员的隐患排查治理和监控责任制。”

第十条规定：“生产经营单位应当定期组织安全生产管理人员、工程技术人员和其他相关人员排查本单位的事故隐患。对排查出的事故隐患，应当按照事故隐患的等级进行登记，建立事故隐患信息档案，并按照职责分工实施监控治理。”

69. 生产安全事故预防的主要内容是什么？有哪些关键措施？

生产安全事故预防是保障工作环境安全和职工健康的核心环节，它涵盖了一系列全面而精细的措施，旨在有效识别和降低工作场所可能存在的各种风险。通过这些措施，不仅可以减少生产安全事故的发生，还能提高职工的安全意识，共同营造一个更安全、更健康的工作环境。生产安全事故预防的关键措施与具体内容如下。

（1）风险评估和管理

风险评估和管理是一个全面系统的过程，旨在确保工作环境和操作流程的安全性。这个过程涉及对工作场所进行详尽的安全检查，识别并评估潜在的危险源，如机械故障、化学品泄漏、火灾风险等。在评估完成后，需要基于所发现的风险制定具体的风险控制措施。这些措施可能包括改善工作条件、采用更安全的设备和技术、制定更严格的安全操作程序等。通过这种方法，可以显著减少工作场所的安全隐患，从而保护职工的生命财产健康。

（2）安全教育和培训

安全教育和培训是保障工作场所安全的关键环节，包括定期对职工进行安全知识和技能培训，以确保每位职工都能了解并掌握安全操作规程和应急响应流程。此外，这些培训还旨在提高职工对潜在危险的警觉性，增强他们的自我保护能力。通过持续的教育和培训，职工能够更好地识别和应对工作中可能遇到的各种安全风险隐患，从而降低事故发生的概率。

（3）隐患排查和整改

隐患排查即要定期对工作场所进行细致的安全检查，以识别和发现任何潜在的安全隐患。一旦发现隐患，应立即对它们进行分类，并根据其严重程度制订相应的整改计划。然后，对这些隐患实施及时的整改措施，确保所有识别出的问题都得到有效解决，从而消除安全隐患。这个过程不仅有助于预防事故的发生，还能提升整个工作环境的安全标准。

（4）安全文化建设

安全文化建设包括创建一个倡导安全意识和责任感的工作环境，鼓励职工主动参与安全管理，并积极报告任何潜在的危险和问题。同时，通过持续的宣传、教育和激励措施，可以有效提升整个组织对安全重要性的认识。这样的文化建设不仅营造了一个更安全的工作环境，也增强了职工对安全措施的认同感和参与度，从而形成了一个安全意识根深蒂固的组织氛围。

70. 安全生产管理部门隐患排查治理职责有哪些？

在事故隐患的排查和治理过程中，各级安全生产监督管理和监察部门以及各级人民政府的相关部门均发挥着重要作用。他们负责对所辖区域内的生产经营单位进行安全监督与管理，确保这些单位严格遵守安全生产的相关法律和规章，从而维护社会的安全生产秩序。当这些部门接到事故隐患报告时，他们需要迅速响应，对隐患进行核实，并根据情况采取相应的处理措施。这一机制不仅提高了安全生产效率，也增强了整个社会安全保障体系建设。

（1）综合监督管理职责

各级安全生产监督管理和监察部门负责对所辖区域内的生产经营单位的事故隐患排查治理工作实施综合监督管理。这意味着他们要确保所有的生产经营单位都严格遵守安全生产相关法律法规，并采取切实有效的措施来识别和治理可能潜在的事故隐患。同时，各级人民政府的相关部门也在其职责范围内，针对特定行业的特定和要求，对生产经营单位进行专业化监督管理，确保行业特定安全标准和要求的有效执行。

（2）事故隐患报告的处理

当安全生产监督管理和监察部门接到事故隐患的报告时，他们应当迅速启动响应机制，根据职责立即组织专业人员核实这些隐患并采取适当查处措施。这要求这些部门能够迅速响应，有能力进行现场检查和评估，以确定报告中的隐患是否存在，以及需要采取何种措施来解决这些隐患。如果发现所报告的事故隐患应由其他有关部门处理（例如特定行业的监管机构），安全生产监督管理和监察部门应立即将该事项移交给相应部门，并做好记录备案。这种跨部门协作确保了隐患能够被适当且及时地处理，同时保持监管流程的透明度和责任明确。

法律提示

《生产安全事故隐患排查治理暂行规定》第六条规定：“任何单位和个人发现事故隐患，均有权向安全生产监管监察部门和有关部门报告。安全监管监察部门接到事故隐患报告后，应当按照职责分工立即组织核实并予以查处；发现所报告事故隐患应当由其他有关部门处理的，应当立即移送有关部门并记录备查。”

71. 生产经营单位上报重大事故隐患时应包含哪些内容?

生产经营单位上报重大事故隐患的过程是确保工作场所安全和预防潜在生产安全事故的关键环节。通过及时、准确地上报隐患，不仅可以帮助相关部门及时了解和评估潜在风险，还能促进有效的风险管理和事故预防策略的制定，这些内容的上报对于建立一个安全高效的工作环境至关重要。生产经营单位上报重大事故隐患时应包含以下内容。

1）隐患的现状及其产生原因。这部分要求生产经营单位详细描述隐患的具体情况，包括隐患所在的位置、性质、规模等，以及导致隐患产生的原因。这有助于监管部门了解隐患的严重性和紧迫性。

2）隐患的危害程度和整改难易程度分析。生产经营单位需要对隐患可能造成的危害进行评估，并分析整改的难易程度。这包括对潜在的伤害（如人员伤亡、财产损失）和环境影响的考虑，以及整改所需的资源和时间等。

3）隐患的治理方案。此部分要求生产经营单位提出具体的治理措施和计划，包括治理的方法、步骤、所需资源和预期目标等。治理方案应该是一个全面的计划，说明如何消除或减轻隐患，以及在整个过程中将采取的安全措施和应急计划。

法律提示

《生产安全事故隐患排查治理暂行规定》第十四条规定：“生产经营单位应当每季、每年对本单位事故隐患排查治理情况进行统计分析，并分别于下一季度15日前和下一年1月31日前向安全监管监察部门和有关部门报送书面统计分析表。统计分析表应当由生产经营单位主要负责人签字。对于重大事故隐患，生产经营单位除依照前款规定报送外，应当及时向安全监管监察部门和有关部门报告。重大事故隐患报告内容应当包括：（一）隐患的现状及其产生原因；（二）隐患的危害程度和整改难易程度分析；（三）隐患的治理方案。”

72. 基层职工在事故预防与隐患排查治理方面有哪些职责?

隐患排查工作是安全基础工作的重要组成部分，其落脚点在基层。基层是直面隐患的第一线，要有“早发现、早处理”的排查意识。基层职工在事故预防与隐患排查治理方面承担着从参与排查、报告、整改到执行安全措施等多方面职责，具体包括以下内容。

1）参与隐患排查。基层职工应参与单位组织的事故隐患排查活动，协助安全生产管理人员、工程技术人员和其他相关人员，定期对工作环境和操作进行细致检查，以便及时发现潜在的安全风险。

2）报告与举报事故隐患。基层职工被鼓励积极报告他们发现的事故隐患。单位应建立事故隐患报告和举报奖励制度，以激励职工发现和排除隐患的积极性，对于在发现、排除和举报事故隐患方面做出贡献的职工，单位应给予物质奖励和表彰。

3）参与事故隐患整改。对于发现的一般事故隐患，基层职工应积极参与单位负责人或有关人员组织的整改活动，并协助采取必要措施来消除这些隐患。

4）执行安全防范措施。在事故隐患治理过程中，基层职工应遵守并执行相应的安全防范措施，防止事故发生。在隐患排除前或排除过程中，如果无法保证安全，应采取的临时安全措施，如撤离危险区域、设置警戒标志、暂时停产停业或者停止使用可能存在风险的相关装置、设施、设备等。

73. 对违反生产安全事故隐患排查治理相关法律、法规规定的有哪些处罚措施?

生产经营单位及其主要负责人未履行事故隐患排查治理职

责，导致发生生产安全事故的，依法应给予行政处罚，由安全监管监察部门给予警告，并处 3 万元以下的罚款。

实施针对违反生产安全事故隐患排查治理法律和法规的处罚措施至关重要，它不仅有助于预防生产安全事故的发生，保护职工和公众的生命财产安全，还能强化整个行业的安全生产标准，提升行业整体的安全水平。此外，通过对违规行为的处罚，能够增强生产经营单位和个人的法律意识，明确安全生产责任，促进法律法规的有效遵守。从经济角度来看，它可以将生产安全事故引发的直接和间接经济损失最小化。依法实施适当的处罚措施还促进了生产经营单位更好地履行社会责任，平衡追求经济效益与重视安全生产和职工福祉之间的关系。

法律提示

《生产安全事故隐患排查治理暂行规定》第二十六条规定："生产经营单位违反本规定，有下列行为之一的，由安全监管监察部门给予警告，并处三万元以下的罚款：（一）未建立生产安全事故隐患排查治理等各项制度的；（二）未按规定上报事故隐患排查治理统计分析表的；（三）未制定事故隐患治理方案的；（四）重大事故隐患不报或者未及时报告的；（五）未对事故隐患进行排查治理擅自生产经营的；（六）整改不合格或者未经安全监管监察部门审查同意擅自恢复生产经营的。"

九、事故应急救援及其法律责任

74. 事故应急救援的基本任务是什么？

事故应急救援是指通过预先制订计划和采取应急措施，在事故发生时采取的旨在消除、减少事故危害，防止事故恶化，并最大限度降低事故损失的一系列措施。生产过程中一旦发生事故，往往造成惨重的人员伤亡、财产损失和环境破坏。由于自然、人为或技术等多种原因，当事故或灾害难以避免时，建立事故应急救援体系，采取及时、有效的应急救援行动，就成为抵御事故风险、控制灾害蔓延、降低危害后果的关键甚至是唯一手段。其具体任务如下。

（1）立即组织应急救援

迅速启动应急救援预案，组织本单位的应急救援队伍和工作人员，迅速对受害人员进行有效救援。同时，疏散和撤离受威胁人员，确保受自然灾害、事故灾难或公共卫生事件影响的人员安全撤离。

（2）控制危险源

迅速采取必要措施以控制事故的危险源，防止事故扩大化，包括明确标示危险区域、封锁事故现场等。

（3）及时上报政府

在事故发生后，立即向所在地县级人民政府报告事故情况。积极配合政府采取的应急处置措施，服从并配合人民政府发布的决定和命令，参与应急救援和处置工作。

法律提示

《中华人民共和国突发事件应对法》（以下简称《突发事件应对法》）第五十六条规定：“受到自然灾害危害或者发生事故灾难、公共卫生事件的单位，应当立即组织本单位应急救援队伍和工作人员营救受害人员，疏散、撤离、安置受到威胁的人员，控制危险源，标明危险区域，封锁危险场所，并采取其他防止危害扩大的必要措施，同时向所在地县级人民政府报告；对因本单位的问题引发的或者主体是本单位人员的社会安全事件，有关单位应当按照规定上报情况，并迅速派出负责人赶赴现场开展劝解、疏导工作。突发事件发生地的其他单位应当服从人民政府发布的决定、命令，配合人民政府采取的应急处置措施，做好本单位的应急救援工作，并积极组织人员参加所在地的应急救援和处置工作。”

75. 事故应急救援有哪些类型？

事故应急救援是一个多维度和复杂的领域，它涵盖了多种不同类型的紧急情况。在面对各种不可预测的事故时，迅速、有效地进行救援至关重要。这些事故类型包括自然灾害、工业事故等，每一种类型都需要的特定救援技能和响应策略。

（1）自然灾害应急救援

自然灾害事故应急救援是对地震、洪水、台风等自然灾害发生后的快速反应和救援行动。这个过程通常涉及以下多个内容：首先是预警和准备，包括监测潜在的灾害风险，及时向公众发布预警，并确保救援资源的准备和预分配。其次，灾害一旦发生，立即启动紧急响应机制，包括评估灾害规模和影响范围，迅速动员救援人员和资源，执行疏散和救援行动。此外，采取措施防止灾害后续影响，如防止疾病传播、修复损坏的基础设施和预防环境污染等。最后，灾后恢复和重建同样重要，包括重建受灾区域的住房和基础设施，恢复社会和经济活动，并评估灾害响应效果，以改进未来的预防和应急准备工作。

（2）工业事故应急救援

工业事故应急救援是针对工业场所发生的事故，如化学泄漏、爆炸、火灾或机器故障等，而采取的一系列紧急响应和管理措施。救援的首要任务是保护人员安全，包括快速疏散工作场所和可能受影响的周边区域的人员。随后，专业救援团队会采取行动控制事故现场，以防事态进一步恶化。这可能包括使用特殊设备和技术来处理有害物质泄漏、扑灭大规模火灾或安全关闭损坏的设备等。

工业事故救援通常需要跨部门协作，涉及消防、医疗、警察、环保和工业安全等多个领域。此外，事故后的应急响应还包括对事故原因进行详细调查，以预防类似事件的发生，并可能涉及环境清理和恢复工作，以减轻事故对环境和公共健康的影响。长期来看，工业事故救援还强调加强安全协议的制定与执行、提升职工安全培训水平和完善应急准备计划，以提高工业环境的整体安全性和应对未来潜在事故的能力。

76. 关于应急救援的法律、法规有哪些？

为保障人民生命财产安全，维护社会稳定和发展，我国政府相继颁布的一系列相关法律、法规，如《安全生产法》《危险化学品安全管理条例》《国务院关于特大安全事故行政责任追究的规定》和《特种设备安全监察条例》等，对危险化学品、特大安全事故、重大危险源等方面的应急救援工作提出了相应的规定和要求。

2006 年 1 月 8 日，国务院发布了《国家突发公共事件总体应急预案》，明确了各类突发公共事件分级分类和预案框架体系，规定了国务院应对特别重大突发公共事件的组织体系、工作机制等内容，是指导预防和处置各类突发公共事件的规范性文件。

2007 年 8 月 30 日，第十届全国人民代表大会常务委员会第二十九次会议通过了《突发事件应对法》，明确规定了突发事件的预防与应急准备、监测与预警、应急处置与救援、事后恢复与重建等活动中，政府、单位及个人的权利与义务。

2021 年 6 月 10 日，第十三届全国人民代表大会常务委员会第二十九次会议通过了《关于修订〈中华人民共和国安全生产法〉的决议》(第三次修正),明确了生产经营单位在应急救援时的权利和义务,强化和落实了生产经营单位的主体责任与政府的监管责任。

法律提示

根据《安全生产法》第二十一条相关规定,生产经营单位的主要负责人有组织制定并实施本单位的生产安全事故应急救援预案的职责。

《安全生产法》第八十条规定:“县级以上地方各级人民政府应当组织有关部门制定本行政区域内生产安全事故应急救援预案,建立应急救援体系。”

77. 突发事件中的责任如何划分?

国家应建立突发事件风险评估体系,对可能发生的突发事件进行综合性评估,减少突发事件的发生,最大限度地减轻突发事件的影响。突发事件中的责任可参照以下内容进行划分。

(1)国务院在总理领导下研究、决定和部署特别重大突发事件的应对工作;根据实际需要,设立国家突发事件应急指挥机构,负责突发事件应对工作;必要时,国务院可以派出工作组指导有关工作。

(2)县级人民政府对本行政区域内突发事件的应对工作负责;涉及两个以上行政区域的,由有关行政区域共同的上一级人民政府负责,或者由各有关行政区域的上一级人民政府共同负责。突发事件发生后,发生地县级人民政府应当立即采取措施控制事态发展,组织开展应急救援和处置工作,并立即向上一级人民政府报告，必要时可以越级上报。突发事件发生地县级人民政府不能消除或者不能有效控制突发事件引起的严重社会危害的，应当及时向上级人民政府报告。上级人民政府应当及时采取措施，统一领导应急处置工作。

（3）县级以上地方各级人民政府设立由本级人民政府主要负责人、相关部门负责人、驻当地中国人民解放军和中国人民武装警察部队有关负责人组成的突发事件应急指挥机构，统一领导、协调本级人民政府各有关部门和下级人民政府开展突发事件应对工作；根据实际需要，设立相关类别突发事件应急指挥机构，组织、协调、指挥突发事件应对工作。

法律提示

《突发事件应对法》第三条规定："本法所称突发事件，是指突然发生，造成或者可能造成严重社会危害，需要采取应急处置措施予以应对的自然灾害、事故灾难、公共卫生事件和社会安全事件。按照社会危害程度、影响范围等因素，自然灾害、事故灾难、公共卫生事件分为特别重大、重大、较大和一般四级。法律、行政法规或者国务院另有规定的，从其规定。"

78. 应急响应的功能和任务有哪些?

应急响应包括应急救援过程中一系列需要明确并实施的核心应急功能和任务，这些核心功能虽各自独立，但彼此又密切联系，构成了应急响应的有机整体。应急响应的核心功能和任务包括接警与通知、指挥与控制、警报和紧急公告、通信联络、事态监测与评估、警戒与治安维护、人群疏散与安置、医疗与卫生、公共关系协调、应急人员安全保障、消防和抢险救援、泄漏物控制等。

79. 事故应急救援过程中的合作与协调是如何进行的，涉及哪些不同部门和机构？

应急救援是指在突发事件发生后，为了减少人员伤亡和财产损失，采取及时有效的措施，对事故现场进行应急处置和救援工作的行动。应急救援的组织与调度方式对于提高救援效率、减少损失至关重要。

（1）应急救援的组织结构

应急救援的组织结构是应急救援工作的基础，包括明确的层级划分、职责分配和协同机制。

1）中央应急救援机构。中央应急救援机构是国家级的紧急救援组织，主要负责对重大突发事件进行全国统一调度和指挥。中央应急救援机构的设立与改革是完善应急救援体系的重要一环，它可以集中国家资源，协调各级救援机构的力量，提高决策效率和应急救援的协同性。

2）地方应急救援机构。地方应急救援机构是省（自治区、直辖市）、市、县一级的救援组织，具体分为省级、市级和县级三个层级。地方应急救援机构负责组织、协调和指导本地区的应急救援工作，对本地区的突发事件进行处置和救援。

3）部门应急救援机构。部门应急救援机构是指各类专业救援机构，如消防救援机构、医疗救援机构、交通救援机构等。它们根据各自的职能和业务特点，负责灭火、医疗救治、交通疏导等具体的应急救援工作。

4）专业救援队伍。专业救援队伍是由具备专业救援技能的人员组成，如消防队、救护队、搜索救援队等。专业救援队伍是应急救援的骨干力量，他们接受专业训练，具备应对各类突发事件的能力，能够快速响应、有效处置。

（2）应急救援的调度方式

应急救援的调度方式主要包括指挥调度、资源调度和信息调度。

1）指挥调度。指挥调度是指通过组织与管理，对救援行动进行统一指挥和调度的过程。在突发事件发生后，中央应急救援机构和地方应急救援机构会迅速建立指挥中心，由专业指挥员负责指挥和协调救援行动。指挥调度可以实现资源的合理分配和协同作战，提高救援效率。

2）资源调度。资源调度是指根据实际需要，对各类救援资源进行科学调配和高效利用。救援资源包括人员、装备、物资等。在大型突发事件中，中央应急救援机构和地方应急救援机构会根据具体情况，统筹协调相关部门和队伍，集中力量投入到救援工作中。

3）信息调度。信息调度是指通过信息化手段，将突发事件的信息快速传递给相关救援机构和队伍，以便迅速响应和开展救援行动。信息调度可以通过电话、广播、短信、网络等方式进行。

80. 事故应急现场指挥系统中各部门的责任如何划分？

一旦发生紧急事故，事故应急现场应该根据应急预案中的人员安排迅速组成职责分明的事故应急部门，一般包括事故指挥官、行动部、策划部、后勤部和资金保障部，构成一个完整的事故应急指挥系统，其各自的应急处置职责如下。

1）事故指挥官。事故指挥官负责现场应急响应所有工作，包括确定事故目标及实现目标的策略、批准实施书面或口头的事故行动计划、高效地调配现场资源、落实保障人员安全与健康的措施、管理现场所有的应急行动等。

2）行动部。行动部负责所有具体主要的应急行动，包括消防与抢险、人员搜救、医疗救治、疏散与安置等。所有的应急行动都依据事故行动计划来完成。

3）策划部。策划部负责收集、评价、分析及发布事故相关信息，准备和起草事故行动计划，并对有关信息进行归档。

4）后勤部。后勤部负责为事故的应急响应提供设备设施、物资、人员、运输、服务等。

5）资金保障部。资金保障部负责跟踪事故应急处置所有费用并进行评估，承担其他职能未涉及的管理职责。

81. 事故应急预案中应该确定的指挥部的职责有哪些？

（1）事故指挥与协调

指挥部的首要职责是负责全面指挥和协调应急响应工作。在事故发生时，指挥部应迅速启动应急预案，组织和指导应急救援行动，确保各相关单位协同作战，高效应对事故。

（2）信息搜集和分析

指挥部需要建立高效的信息搜集与分析机制，收集有关事故的实时信息。通过对信息的全面分析，指挥部能够迅速了解事故的性质、规模和影响，为制定针对性策略提供准确的数据支持。

（3）资源调度与管理

指挥部负责对各类资源（包括人员、设备、物资等）进行统一调度和管理，确保在紧急情况下这些资源能够得到最有效利用。通过合理分配和调度，指挥部能够满足应急响应过程中的不同需求。

（4）决策制定与执行

在事故应急响应过程中，指挥部需要制定明确的决策方案并迅速执行。这包括对紧急状况的即时决策、指导救援工作的具体措施以及调整应急预案的相关步骤。指挥部的决策制定和执行能力直接影响到事故应急工作的效果。

（5）沟通协调

指挥部应建立和维护高效的沟通机制。这涉及内部人员、外部救援组织以及政府机构之间的及时、准确地信息传递。有效的沟通有助于协调各方资源，提高应急响应效率。

（6）风险评估和应对策略

指挥部负责对事故现场的风险进行实时评估，识别可能出现的问题和挑战。基于风险评估结果，指挥部需要制定相应的应对策略和措施，确保应急响应工作的科学性和有效性。

（7）公共关系与信息发布

指挥部需要积极处理与媒体、公众和其他利益相关方的关系。在事故发生后，指挥部应及时发布准确、透明的信息，解释事故原因、应对措施和救援进展，并保持与公众的有效沟通，以维护社会稳定和公共安全。

（8）培训和演练

指挥部应定期组织培训和演练活动，确保相关人员熟悉应急预案，提高相关人员应急意识和处置能力。通过模拟演练，指挥部能够发现预案中存在的问题并及时进行修订，提高实战应对能力。

（9）总结与改进

在事故应急响应结束后，指挥部需要对应急响应过程进行总结评估。通过对整个事故应急过程的评估，指挥部可以发现存在的不足之处，并提出改进措施和建议，以不断完善应急预案，提高应急响应水平。

82. 事故应急预案中应该确定的救援专业队伍及其职责有哪些?

事故应急预案中应该确定的救援专业队伍包括通信保障组、治安组、医疗救护组、消防组、抢险抢修组、物资供应组和对外联络组等。其各自的组成和对应职责如下。

（1）通信保障组。由生产科、安全科、保卫科、调度室和生产经营单位办公室组成，负责各专业队伍的联系。

（2）治安组。由保卫科组成，负责事故时的道路交通管制。

（3）医疗救护组。由生产经营单位医务室人员组成，负责在紧急事故中应急救助受伤人员。

（4）消防组。由保卫科负责组成，负责灭火和抢救伤员工作。

（5）抢险抢修组。由设备科负责组成，负责设备抢修抢险和指挥协调工作。

（6）物资供应组。由供应科和汽车队组成，负责抢救工作中的物质保障。

（7）对外联络组。由生产经营单位办公室和技术科组成，负责事故事态发展通报并及时与上级领导部门及周邻单位的通信联络工作。

83. 应急预案演练中参演人员的具体任务有哪些？

参演人员是指在应急组织中承担具体任务，并在演练过程中尽可能对演练情景或模拟事件作出真实情景下可能采取的响应行动的人员，类似于角色扮演者。参演人员所承担的具体任务主要包括以下内容。

（1）熟悉应急预案

参演人员的首要职责是深入熟悉应急预案的内容，理解自己在不同场景下的具体职责和任务，包括了解预案中的流程、指示和应急程序，以便能够迅速且准确地应对紧急情况。

（2）遵循指令和流程

在演练过程中，参演人员需要严格遵循指挥控制人员的指令和流程，包括执行预定的任务、按时完成各项工作，并确保与其他参演人员协同合作，以实现整体应急响应的协同效果。

（3）有效沟通

参演人员需要保持有效的内部沟通和外部沟通，这包括与团队成员、其他部门以及控制中心等关键人员之间的及时有效沟通，以确保信息的顺畅传递，减少信息失误和误解，以提高整体应急响应的效率。

（4）资源利用与调配

在演练过程中，参演人员需要合理且有效地利用和调配可用资源，包括人力、设备和物资。参演人员需要迅速响应并灵活应对演练中的各种突发情况，以满足紧急情况下的需求，同时确保资源的最佳利用效果。

（5）模拟真实情境

参演人员需以高度的专业性和强烈的责任感模拟真实的紧急情境，包括面对紧急情况时的冷静应对、紧密的团队合作和出色的问题解决能力，确保演练的真实性和有效性。

（6）反馈与改进

在演练结束后，参演人员需要提供对演练过程的反馈。他们可以对预案的实际操作提出建议、指出存在的问题或提供改进建议。通过参演人员的反馈，组织可以不断改进应急预案，提高应对紧急情况的能力。

（7）参与总结和学习

参演人员应积极参与演练总结和学习过程，主动分享个人经验和观察，从中汲取经验教训，为未来的应急响应提供有益的经验教训。这有助于不断提高整体的应急响应水平。

84. 应急预案演练中控制人员的职责有哪些？

应急预案演练中，控制人员是关键角色之一，负责协调、指挥和监督整个演练过程，以确保应急响应的有效性和顺利进行。控制人员在应急预案演练中承担如下职责。

（1）指挥和协调

在应急预案演练中，控制人员首先要制定详细的演练计划和时间表，明确每个阶段的任务和时间限制。他们需要紧密协调各参与方的行动，通过有效的沟通和协同工作，确保整个演练过程有条不紊地进行。同时，控制人员需要对演练过程进行实时监控，及时发现并解决可能出现的问题，确保演练的有效性和实用性。

（2）通信协调

有效的内部沟通和外部沟通是应急预案演练成功的关键。控制人员负责建立并维护与其他关键人员、团队和部门之间的通信渠道。这包括使用适当的通信工具和技术，确保信息的迅速传递和准确理解。在应急情况下，良好的通信协调有助于提高团队的响应速度和整体协同效率。

（3）应急资源调配

控制人员需要迅速响应，确保应急资源（包括人员、设备和物资）的及时调配和使用。他们负责协调各方的资源，确保在紧急情况下资源的有效共享和最佳利用。通过合理的资源调配，控制人员可以更好地应对突发情况，降低潜在风险和损失。

（4）风险评估和决策

在演练过程中，控制人员负责对风险进行实时评估，并制定相应的决策。这可能涉及灵活调整演练计划、改变行动方向或采取其他紧急措施。通过迅速而明智的决策，控制人员能够有效地管理风险，确保演练过程的顺利进行。

（5）记录和报告

控制人员需要详细记录演练过程中的关键事件、决策和行动。这些记录将作为编写演练总结报告的重要依据。演练总结报告应包括演练的成功经验、问题和改进建议。这个过程有助于组织更好地了解演练的实际效果，提高未来应急响应的水平。

（6）培训和指导

在演练前，控制人员负责为所有参与方提供充分的培训，确保他们明确自己的角色和职责。在演练过程中，控制人员还需要提供实时现场指导和支持，及时解决可能出现的问题，确保团队保持高效运作。

（7）评估绩效

控制人员负责对参与人员和团队的绩效进行全面评估，这包括评估他们在应急情境下的反应速度、团队协作能力和问题解决能力等。通过评估绩效，组织可以识别成功之处并确定改进空间，从而提高应急响应的整体效能。

（8）与外部机构合作

在演练过程中，控制人员需要与政府机构、救援组织和其他利益相关方保持紧密联系。他们负责协调与外部机构的合作，确保信息的及时共享和资源的协同利用，并促进在紧急情况下的有序合作。这有助于建立跨机构的协同机制，提高整体的应急响应能力。

85. 应急预案演练中模拟人员的主要任务有哪些?

模拟人员是指在演练过程中扮演、代替某些应急组织和服务部门，或模拟紧急事件、事态发展的人员，在应急预案演练中扮演着至关重要的角色。其主要任务包括以下方面。

1）在演练过程中，模拟人员需要扮演、替代正常情况或响应实际紧急事件时，应与应急指挥中心、现场应急指挥等互动的机构或服务部门。由于多种原因，这些机构或服务部门无法直接参与演练。

2）模拟事故的发生过程，如释放烟雾、特定气象条件、泄漏等。

3）模拟受害或受影响人员的行为和反应。

相关链接

评价人员是指负责观察演练进展情况并予以记录的人员。其主要任务包括：

1）观察参演人员的应急行动，并记录观察结果；

2）在不干扰参演人员工作的情况下，协助控制人员确保演练按计划进行。

86. 在应急救援中，违法行为会导致什么样的法律后果？

《生产安全事故应急条例》中对应急救援中可能存在的违法行为导致的法律后果作出了明确规定。

第二十九条规定："地方各级人民政府和街道办事处等地方人民政府派出机关以及县级以上人民政府有关部门违反本条例规定的，由其上级行政机关责令改正；情节严重的，对直接负责的主管人员和其他直接责任人员依法给予处分。"

第三十条规定："生产经营单位未制定生产安全事故应急

救援预案、未定期组织应急救援预案演练、未对从业人员进行应急教育和培训，生产经营单位的主要负责人在本单位发生生产安全事故时不立即组织抢救的，由县级以上人民政府负有安全生产监督管理职责的部门依照《中华人民共和国安全生产法》有关规定追究法律责任。”

第三十一条规定：“生产经营单位未对应急救援器材、设备和物资进行经常性维护、保养，导致发生严重生产安全事故或者生产安全事故危害扩大，或者在本单位发生生产安全事故后未立即采取相应的应急救援措施，造成严重后果的，由县级以上人民政府负有安全生产监督管理职责的部门依照《中华人民共和国突发事件应对法》有关规定追究法律责任。”

第三十二条规定：“生产经营单位未将生产安全事故应急救援预案报送备案、未建立应急值班制度或者配备应急值班人员的，由县级以上人民政府负有安全生产监督管理职责的部门责令限期改正；逾期未改正的，处3万元以上5万元以下的罚款，对直接负责的主管人员和其他直接责任人员处1万元以上2万元以下的罚款。”

第三十三条规定：“违反本条例规定，构成违反治安管理行为的，由公安机关依法给予处罚；构成犯罪的，依法追究刑事责任。”

法律提示

根据《突发事件应对法》第六十三条规定：“地方各级人民政府和县级以上各级人民政府有关部门违反本法规定，不履行法定职责的，由其上级行政机关或者监察机关责令改正；有下列情形之一的，根据情节对直接负责的主管人员和其他直接责任人员依法给予处分：（一）未按规定采取预防措施，导致发生突发事件，或者未采取必要的防范措施，导致发生次生、衍生事件的；（二）迟报、谎报、瞒报、漏报有关突发事件的信息，或者通报、报送、公布虚假信息，造成后果的；（三）未按规定及时发布突发事件警报、采取预警期的措施，导致损害发生的；（四）未按规定及时采取措施处置突发事件或者处置不当，造成后果的；（五）不服从上级人民政府对突发事件应急处置工作的统一领导、指挥和协调的；（六）未及时组织开展生产自救、恢复重建等善后工作的；（七）截留、挪用、私分或者变相私分应急救援资金、物资的；（八）不及时归还征用的单位和个人的财产，或者对被征用财产的单位和个人不按规定给予补偿的。”

第六十四条规定：“有关单位有下列情形之一的，由所在地履行统一领导职责的人民政府责令停产停业，暂扣或者吊销许可证或者营业执照，并处五万元以上二十万元以下的罚款；构成违反治安管理行为的，由公安机关依法给予处罚：（一）未按规定采取预防措施，导致发生严重突发事件的；（二）未及时消除已发现的可能引发突发事件的隐患，导致发生严重突发事件的；（三）未做好应急设备、设施日常维护、检测工作，导致发生严重突发事件或者突发事件危害扩大的；（四）突发事件发生后，不及时组织开展应急救援工作，造成严重后果的。前款规定的行为，其他法律、行政法规规定由人民政府有关部门依法决定处罚的，从其规定。”

十、生产安全事故报告和调查处理责任

87. 生产安全事故等级是如何划分的?

根据生产安全事故（以下简称事故）造成的人员伤亡或者直接经济损失，事故一般分为以下等级：

1）特别重大事故，是指造成 30 人以上死亡，或者 100 人以上重伤（包括急性工业中毒，下同），或者 1 亿元以上直接经济损失的事故；

2）重大事故，是指造成 10 人以上 30 人以下死亡，或者 50 人以上 100 人以下重伤，或者 5 000 万元以上 1 亿元以下直接经济损失的事故；

3）较大事故，是指造成 3 人以上 10 人以下死亡，或者 10 人以上 50 人以下重伤，或者 1 000 万元以上 5 000 万元以下直接经济损失的事故；

4）一般事故，是指造成 3 人以下死亡，或者 10 人以下重伤，或者 1 000 万元以下直接经济损失的事故。

国务院安全生产监督管理部门可以会同国务院有关部门，制定事故等级划分的补充性规定。上述规定的“以上”包括本数，“以下”不包括本数。

法律提示

《安全生产法》第九十五条规定：“生产经营单位的主要负责人未履行本法规定的安全生产管理职责，导致发生生产安全事故的，由应急管理部门依照下列规定处以罚款：（一）发生一般事故的，处上一年年收入百分之四十的罚款;（二）发生较大事故的，处上一年年收入百分之六十的罚款;（三）发生重大事故的，处上一年年收入百分之八十的罚款;（四）发生特别重大事故的，处上一年年收入百分之一百的罚款。”

88. 各相关部门在生产安全事故报告中的职责是什么?

（1）事故发生单位向政府职能部门报告

根据《生产安全事故报告和调查处理条例》中关于事故发生单位报告程序和时限的要求，事故发生单位应立即向法定的有关人民政府职能部门报告。

（2）政府部门报告的程序

特别重大事故、重大事故逐级上报至国务院安全生产监督管理部门和负有安全生产监督管理职责的有关部门；较大事故逐级上报至省、自治区、直辖市人民政府安全生产监督管理部门和负有安全生产监督管理职责的有关部门；一般事故逐级上报至设区的市级安全生产监督管理部门和负有安全生产监督管理职责的有关部门。

（3）越级报告

情况紧急时，事故现场有关人员可以直接向事故发生地县级以上人民政府安全生产监督管理部门和负有安全生产监督管理职责的有关部门报告；必要时，安全生产监督管理部门和负有安全生产监督管理职责的有关部门可以越级上报事故情况。

（4）事故续报、补报

事故报告后出现新情况，事故发生单位、安全生产监督管理部门和负有安全生产监督管理职责的有关部门应当及时续报。自事故发生之日起 30 日内，事故造成的伤亡人数发生变化的，事故发生单位、安全生产监督管理部门和负有安全生产监督管理职责的有关部门应当及时补报。

法律提示

《生产安全事故报告和调查处理条例》第十条规定："安全生产监督管理部门和负有安全生产监督管理职责的有关部门接到事故报告后，应当依照下列规定上报事故情况，并通知公安机关、劳动保障行政部门、工会和人民检察院：（一）特别重大事故、重大事故逐级上报至国务院安全生产监督管理部门和负有安全生产监督管理职责的有关部门；（二）较大事故逐级上报至省、自治区、直辖市人民政府安全生产监督管理部门和负有安全生产监督管理职责的有关部门；（三）一般事故上报至设区的市级人民政府安全生产监督管理部门和负有安全生产监督管理职责的有关部门。安全生产监督管理部门和负有安全生产监督管理职责的有关部门依照前款规定上报事故情况，应当同时报告本级人民政府。国务院安全生产监督管理部门和负有安全生产监督管理职责的有关部门以及省级人民政府接到发生特别重大事故、重大事故的报告后，应当立即报告国务院。必要时，安全生产监督管理部门和负有安全生产监督管理职责的有关部门可以越级上报事故情况。"

89. 相关法规和标准对生产安全事故报告和调查处理责任的规定有哪些？

《安全生产法》第八十三条规定："生产经营单位发生生产安全事故后，事故现场有关人员应当立即报告本单位负责人。"

依照该条规定，生产经营单位发生生产安全事故后，事故现场有关人员应当立即报告本单位负责人，使本单位负责人及时得知事故情况，马上组织抢救工作。由于事故报告的紧迫性，现场有关人员只要将事故报告到事故发生单位的指挥中心（如调度室、监控室），由指挥中心启动应急程序，也可视为向本单位负责人报告。

在生产安全事故发生后，事故报告应当及时、准确、完整，任何单位和个人对事故不得迟报、漏报、谎报或者瞒报。事故调查处理应当坚持科学严谨、依法依规、实事求是、注重实效的原则，及时、准确地查清事故经过、事故原因和事故损失，查明事故性质，认定事故责任，总结事故教训，提出整改措施，并对事故责任者依法追究责任。相关法规、标准对事故报告程序及内容规定如下。

（1）报告程序

1）生产经营单位发生生产安全事故后，事故现场有关人员应当立即报告本单位负责人。

2）单位负责人接到报告后，应当立即采取行动，并于1小时内向事故发生地县级以上人民政府应急管理部门和负有安全生产监督管理职责的有关部门报告。在现代通信技术比较发达的背景下，这一要求既能保证事故发生单位及时采取相关应急措施，又能保证应急管理部门和负有安全生产监督管理职责的有关部门迅速了解事故的相关情况。需要注意的是，“负有安全生产监督管理职责的有关部门”包括当地县级以上人民政府应急管理部门和对事故单位负有安全生产监督管理职责的其他相关部门。因此，事故发生单位负责人既有向事故发生地县级以上人民政府应急管理部门报告的义务，又有向负有安全生产监督管理职责的其他有关部门报告的义务。

3）情况紧急时，事故现场有关人员可以直接向事故发生地县级以上人民政府应急管理部门和负有安全生产监督管理职责的有关部门报告，以利于积极组织事故救援力量。在一般情况下，事故现场有关人员应当向本单位负责人报告事故，但事故是人命关天的大事，在情况紧急时，应当允许事故现场有关人员直接向应急管理部门和负有安全生产监督管理职责的有关部门报告。至于“情况紧急”应该作较为灵活的理解，比如事故发生单位负责人联系不上、事故重大需要政府部门迅速调集救援力量等。对于负有安全生产监督管理职责的有关部门和具体工作人员来说，只要接到事故现场有关人员的报告，不论是否属于“情况紧急”，都应当立即赶赴现场，并积极组织事故救援。

4）事故报告后出现新情况的，应当及时补报。自事故发生之日起 30 日内，事故造成的伤亡人数发生变化的，应当及时补报；道路交通事故、火灾事故自发生之日起 7 日内，事故造成的伤亡人数发生变化的，应当及时补报。

（2）报告内容

事故报告的内容包括：事故发生单位概况，事故发生的时间、地点以及事故现场情况，事故的简要经过，事故已经造成或者可能造成的伤亡人数（包括下落不明的人数）和初步估计的直接经济损失，已经采取的措施，其他应当报告的情况。

（3）不得瞒报、谎报、迟报

生产安全事故发生后，生产经营单位及其负责人及时、准确向政府安全生产监督管理部门报告事故信息，不得瞒报、谎报、迟报，若生产经营单位或其负责人有瞒报、谎报、迟报行为，将给予降级、撤职的处分，并由安全生产监督管理部门处上一年年收入60%~100%的罚款；构成犯罪的，依照刑法有关规定追究刑事责任。

90. 事故调查的基本原则是什么？

根据《安全生产法》第八十六条的规定，事故调查处理应当遵守以下原则。

（1）科学严谨

科学严谨指事故调查要尊重事故发生的客观规律，采取科学的方法，认真、细致、全面地获取和分析事故调查收集的证据和材料。生产安全事故的调查处理具有很强的科学性和技术性，特别是事故原因的调查，往往需要做很多技术上的分析和研究，利用多种技术手段。事故调查组要秉持科学严谨的态度，不主观臆想、不轻易下结论，努力做到客观公正；要注意充分发挥专家和技术人员的作用，把对事故原因的查明以及事故责任的分析认定建立在科学的基础之上。

（2）依法依规

依法依规指事故调查工作要严格遵守有关法律、法规的规定，经过必要的程序，保证调查程序的公正性和调查结果的准确性。目前，一些法律、法规和规章对于事故调查作出了具体规定，在事故发生后，事故调查的主体、调查程序和调查结果的认定，都必须严格按照这些规定执行。同时，对于事故性质、原因和责任的分析，也要按照有关规定和标准进行，做到于法（规）有据。

（3）实事求是

实事求是指要根据客观存在的情况和证据，研究与事故发生有关的事实，寻求事故发生的原因。在事故调查中，必须全面、彻底地查清生产安全事故的原因，不得夸大事故事实或缩小事故事实，不得弄虚作假。要从实际出发，在查明事故原因的基础上明确事故责任。提出处理意见要实事求是，不得从主观出发，不能感情用事，要根据事故责任划分，根据法律、法规和国家有关规定对事故责任人提出处理意见。

（4）注重实效

注重实效指事故调查中既要对事实进行充分、准确地还原，也要注重调查效率，还要在调查过程中及时发现问题，总结经验教训，对今后发生类似事故起到警示作用。

91. 事故调查组应该包括哪些成员？

事故调查组的组成应当遵循精简、效能的原则。根据事故的具体情况，事故调查组由有关人民政府、安全生产监督管理部门、负有安全生产监督管理职责的有关部门、监察机关、公安机关以及工会派人组成，并应当邀请人民检察院派人参加。事故调查组可以聘请有关专家参与调查。

根据《生产安全事故报告和调查处理条例》中的相关规定，特别重大事故由国务院或者国务院授权有关部门组织事故调查组进行调查。重大事故、较大事故、一般事故分别由事故发生地省级人民政府、设区的市级人民政府、县级人民政府负责调查。省级人民政府、设区的市级人民政府、县级人民政府可以直接组织事故调查组进行调查，也可以授权或者委托有关部门组织事故调查组进行调查。未造成人员伤亡的一般事故，县级人民政府也可以委托事故发生单位组织事故调查组进行调查。

92. 事故调查组的职责是什么？

事故调查组应该履行的职责包括：①查明事故发生的经过、原因、人员伤亡情况及直接经济损失；②认定事故的性质和事故责任；③提出对事故责任者的处理建议；④总结事故教训，提出防范和整改措施；⑤提交事故调查报告。

（1）查明事故发生的经过

主要包括：①事故发生前事故发生单位生产作业状况；②事故发生的具体时间、地点；③事故现场状况及事故现场保护情况；④事故发生后采取的应急处置措施及效果；⑤事故报告过程及时间节点；⑥事故抢救及事故救援详细情况；⑦事故的善后处理情况；⑧其他与事故发生经过有关的情况。

（2）查明事故发生的原因

主要包括：事故发生的直接原因、事故发生的间接原因和事故发生的其他原因。在分析事故原因时，要综合考虑这些因素，以便更全面地了解事故发生的全过程。针对这些原因采取有效的措施，以避免类似事故再次发生。

（3）人员伤亡情况

主要包括：①事故发生前事故发生单位生产作业人员分布情况；②事故发生时人员涉险情况；③事故当场人员伤亡情况及人员失踪情况；④事故抢救过程中人员伤亡情况；⑤事故最终伤亡情况；⑥其他与事故发生有关的人员伤亡情况。

（4）事故的直接经济损失

主要包括：①人员伤亡所产生的各项费用，如医疗费用、丧葬及抚恤费用、补助及救济费用、歇工工资等；②事故善后处理费用，如处理事故的事务性费用、现场抢救费用、现场清理费用、事故罚款和赔偿费用等；③事故造成的财产损失，如固定资产损失价值、流动资产损失价值等。

（5）认定事故性质和事故责任分析

通过事故调查分析，对事故的性质要有明确结论。其中对认定为自然事故（即非人为责任事故或者不可抗拒的事故）的，可不再认定或者追究事故责任人；对认定为责任事故的，要按照责任大小和性质，分别认定直接责任者、主要责任者和领导责任者。

（6）对事故责任者的处理建议

通过事故调查分析，在认定事故性质和事故责任的基础上，对事故责任者提出行政处分、纪律处分、行政处罚、追究刑事责任、追究民事责任等的处理建议。

（7）总结事故教训

通过事故调查分析，在认定事故性质和事故责任的基础上，要认真总结事故教训，认真识别安全生产管理、安全生产投入以及安全生产条件等方面存在的薄弱环节、漏洞和隐患。通过认真对照问题查找根源，深刻吸取教训。

（8）提出防范和整改措施

防范和整改措施应基于事故调查分析的结果，针对事故发生单位在安全生产方面的薄弱环节、漏洞、隐患等提出，要具有针对性、可操作性、普遍适用性和时效性。

（9）提交事故调查报告

事故调查报告是在事故调查组全面履行职责的前提下，由事故调查组组长主持下完成的，是事故调查工作成果的集中体现。事故调查报告的内容应当符合《生产安全事故报告和调查处理条例》的规定，并在规定的时限内提出。

93. 事故调查组的权力有哪些?

根据《生产安全事故报告和调查处理条例》第二十六条的有关规定，事故调查组在履行事故调查职责时有以下权力：

1）事故调查组有权向有关单位和个人了解与事故有关的情况，并要求其提供相关文件、资料，有关单位和个人不得拒绝；

2）事故发生单位的负责人和有关人员在事故调查期间不得擅离职守，并应当随时接受事故调查组的询问，如实提供有关情况；

3）事故调查中发现涉嫌犯罪的，事故调查组应当及时将有关材料或者其复印件移交司法机关处理。

94. 事故调查报告应包括哪些主要内容?

事故调查报告是对事故的细节、原因和影响进行全面分析和评估的书面文档。它是对所有当事方责任的证明，在司法程序中扮演着至关重要的角色。为了使事故调查报告有效，事故调查报告应包括以下几个方面内容。

（1）事故概述

事故概述应该包括发生事故的确切地点和具体时间，事故涉及的相关人员以及事故发生时使用的机器、工具、材料、设备等所有必要的详细信息。此外事故概述还应对事故的严重性和影响进行简要评估。

（2）事故原因

事故原因是事故调查报告的核心部分。在分析事故原因时，应考虑到物理因素、机制故障、人为失误以及组织和管理方面的缺陷等因素。这些分析有助于避免同类事故再次发生，确保安全的生产和工作环境。

（3）事故验证

在事故调查报告中，事故验证是确保事故调查结果准确性和可靠性的重要环节。有关人员应根据事故的性质和要求，对调查结果进行验证，以便更准确地警示和预防同类事故再次发生。

（4）事故影响

事故调查报告应详细分析事故对各方面的影响。对于在当事方某个部门发生的事故，影响范围可能涉及公司的董事、职工、客户等不同方面。在事故影响方面，事故调查报告应对受影响方面的损失、损坏等内容进行详细描述。

（5）事故结论和建议

事故调查报告应提出对调查结果的最终结论和建议。建议应包括针对事故发生的各个环节和因素所提出的合理建议。结论和建议有助于防止同类事故再次发生，并为告知当事人采取相关应对措施提供理论支持。

（6）事故防范和整改措施

事故防范和整改措施可以从根本上解决事故发生的问题，确保类似事故不再发生。通过事故整改，可以加强对责任人的教育和监督，提高其责任意识和安全意识。事故整改还可以起到警示作用，提醒其他相关单位和责任人要加强安全管理，防范事故发生，提升整个行业的安全水平。

法律提示

《生产安全事故报告和调查处理条例》第三十条规定："事故调查报告应当包括下列内容：（一）事故发生单位概况；（二）事故发生经过和事故救援情况；（三）事故造成的人员伤亡和直接经济损失；（四）事故发生的原因和事故性质；（五）事故责任的认定以及对事故责任者的处理建议；（六）事故防范和整改措施。事故调查报告应当附具有关证据材料。事故调查组成员应当在事故调查报告上签名。"